Wolfgang Schneider

PASCAL

Reihe Informationstechnik

Herausgegeben von Dr. Harald Schumny

Die Fachbuchreihe *Informationstechnik* richtet sich an Studierende und Lehrende der Fachschulen Technik und Fachhochschulen.

Die Bände dieser Reihe sind formal, inhaltlich und in ihrem didaktischen Aufbau aufeinander abgestimmt und verzahnt. Sie sollen das *Lernen in einem Lernsystem* ermöglichen: Der Leser kann diese Reihe entsprechend seinem Bildungsstand und Bildungsziel nutzen, indem er

— Einzelbände der Reihe auswählt, da mit jedem Buch unabhängig von anderen Büchern der Reihe gearbeitet werden kann,

— die Bücher parallel oder aufeinanderfolgend einsetzt, da die Bücher gekennzeichnet sind durch gleichen Aufbau, gleiche Bezeichnungsweise und Kapitelverweise auf andere Bände der Reihe.

Besonderer Wert wird auf eine umfassende Vermittlung des jeweiligen Grundlagenwissens gelegt. Entsprechend dem Unterricht an Fachschulen und den Ausbildungszielen für Ingenieurstudenten wird der Stoff anschaulich und anwendungsnah dargestellt. Jedes Lehrbuch enthält zahlreiche Bilder, Zeichnungen, Tabellen und viele Beispiele aus der Praxis. Kurze Zusammenfassungen der einzelnen Abschnitte, Hervorhebung wichtiger Merksätze, Literaturverweise und Aufgaben unterstützen den Studierenden wirkungsvoll beim Durcharbeiten des Lehrstoffes.

Bereits erschienen sind folgende Bände:

Datenverarbeitung	Programmierung
Harald Schumny Digitale Datenverarbeitung für das technische Studium	*Wolfgang Schneider* FORTRAN Einführung für Techniker
Übertragungstechnik	*Wolfgang Schneider* BASIC Einführung für Techniker
Harald Schumny Signalübertragung Lehrbuch der Nachrichtentechnik und Datenfernverarbeitung	*Wolfgang Schneider* PASCAL Einführung für Techniker

Wolfgang Schneider

PASCAL

Einführung für Techniker

Mit 10 vollständig
programmierten Beispielen

Friedr. Vieweg & Sohn   Braunschweig / Wiesbaden

CIP-Kurztitelaufnahme der Deutschen Bibliothek

Schneider, Wolfgang:
PASCAL: Einf. für Techniker; mit 10 vollst.
programmierten Beispielen / Wolfgang Schneider.
– Braunschweig, Wiesbaden: Vieweg, 1981. –
(Viewegs Fachbücher der Technik: Reihe
Informationstechnik)
ISBN-13: 978-3-528-04181-6   e-ISBN-13: 978-3-322-88791-7
DOI: 10.1007/978-3-322-88791-7

1981

Satz: Friedr. Vieweg & Sohn, Braunschweig

Umschlaggestaltung: Hanswerner Klein, Leverkusen

ISBN-13: 978-3-528-04181-6

Vorwort

Die höhere Programmiersprache PASCAL findet z. Z. eine schnelle Verbreitung, da das
systematische Programmieren in strukturierter Form unterstützt wird. Der PASCAL-
Befehlsvorrat, auf den in diesem Buch eingegangen wird, wurde so ausgewählt, daß
er in allen modernen PASCAL-Versionen vorhanden ist, sich aber auf ein Mindestmaß
an Befehlen beschränkt. Der Programmieranfänger verliert auf diese Weise nicht den
Überblick bei der Vielfalt der Möglichkeiten. Es ist jedoch sichergestellt, daß er mit den
elementaren Bestandteilen vollständige Programme erstellen kann. Ein späterer Übergang
zum vollen PASCAL-Befehls-Vorrat ist jederzeit möglich.

In den einzelnen Kapiteln des Buches wird der Leser in knapper, präziser Weise mit den
PASCAL-Regeln vertraut gemacht. Eine Vielzahl von Beispielen verdeutlichen die Regeln.
Das Wichtigste wird einprägsam durch Merkregeln am Ende eines jeden Kapitels zusammengefaßt. Mit Hilfe von selbst zu lösenden Übungsaufgaben kann der Leser überprüfen,
ob er die PASCAL-Regeln beherrscht.

Am Schluß des Buches zeigen 10 vollkommen programmierte und kommentierte Beispiele,
wie man das Wissen aus den einzelnen Kapiteln anwendet, um vollständige Programme zu
schreiben. Dabei wird u. a. gezeigt, wie man Zinseszins und Renten ermittelt, eine Kurve
einer mathematischen Funktion grafisch darstellt, die Zuverlässigkeit eines technischen
Systems bestimmt oder eine Computergrafik erstellt.

Die Zusammenfassung am Ende der einzelnen Kapitel erleichtern nach dem Erlernen von
PASCAL das Nachschlagen während der späteren selbständigen Programmiertätigkeit.

Wolfgang Schneider

Cremlingen, Sommer 1980

Inhaltsverzeichnis

1 Grundlagen der Datenverarbeitung

1.1 Der Begriff der Datenverarbeitung

In fast allen Bereichen des täglichen Lebens erleichtern Computer dem Menschen die Arbeit. Der Begriff „Computer" kommt aus dem Englischen und heißt zu deutsch nichts anderes als „Rechner". Dies weist darauf hin, daß das Rechnen früher zu den Hauptaufgaben eines Computers gehörte. Heute haben sich die Computer jedoch einen wesentlich größeren Anwendungsbereich erschlossen. Verkehrsrechner steuern z. B. den Verkehr in unseren Städten, Prozeßrechner steuern Walzstraßen, Züge, Raketen usw. Um die Vielseitigkeit der Computer zum Ausdruck zu bringen, soll hier vom recht eng gefaßten Begriff des Rechners abgegangen und dafür der Begriff Datenverarbeitungsanlage (DVA) verwendet werden. Datenverarbeitung heißt: (Eingabe-) Daten zur Lösung von Aufgaben nach einem bestimmten Bearbeitungsschema (Arbeitsanweisung) bearbeiten (vgl. 1.2). Zu diesen Aufgaben zählen nicht nur Rechenaufgaben, sondern z. B. auch Aufgaben der Prozeßsteuerung.

1.2 Die Arbeitsweise einer Datenverarbeitungsanlage (DVA)

Eine DVA soll die Arbeit des Menschen erleichtern. Dazu muß sie wesentliche Teile seiner Aufgaben übernehmen können.

An dem Beispiel einer Fernmelderechnungsstelle soll gezeigt werden, welche Aufgaben eine DVA übernehmen kann und welche dem Menschen noch verbleiben. Dabei wird dem Bearbeiter ein „Intelligenzgrad" zugeordnet, den man auch von einer DVA erwarten kann: er kann nur lesen, schreiben und mit Hilfe eines Tischrechners rechnen.

Ein Bote bringt dem Bearbeiter die Listen mit allen notwendigen Daten. Listen, auf denen die Kunden mit ihren Kundennummern (KNR), den zugehörigen alten Zählerständen (AZ), den neuen Zählerständen (NZ), den Grundgebühren (GG) und den Gebühren je Zählereinheit (GZE) eingetragen sind. Daraus soll der Bearbeiter eine Liste der Rechnungsbeträge erstellen.

Da er nur lesen, schreiben und einen Tischrechner bedienen kann, ist er dazu nicht ohne weiteres in der Lage. Er benötigt zur Bewältigung seiner Aufgabe noch eine Arbeitsanweisung etwa in der Form:

- *Gib* den neuen Zählerstand (NZ) in den Tischrechner ein
- *Subtrahiere* von dem vorher eingegebenen Wert den alten Zählerstand AZ
- *Multipliziere* das Ergebnis mit den Gebühren je Zählereinheit GZE
- *Addiere* zu dem Ergebnis die Grundgebühren GG
- *Lies* das Ergebnis ab
- *Schreibe* das Ergebnis in die Zeile der zugehörigen Kundennummer KNR
- *Gehe* zur nächsten Kundennummer *über*
- *Beginne* diese Arbeitsanweisung von vorn usw..

Die Arbeitsanweisung besteht aus einer Folge von Befehlen (Gib, Subtrahiere, Multipliziere ... usw.), die der Reihe nach abgearbeitet werden müssen. Eine solche, aus einer Folge von Befehlen bestehende Arbeitsanweisung nennt man ein *Programm*.

Die Arbeitsweise einer DVA ähnelt der Arbeitsweise des Bearbeiters (vgl. [1]).

- Eine DVA wird ebenso mit *Programmen* und *Daten* versorgt, wie der Bearbeiter im Fernmeldeamt. Diesen Vorgang nennt man bei der DVA einfach *Eingabe*. Sie erfolgt über *Eingabeeinheiten* wie Lochkartenleser, Lochstreifenleser, Klarschriftleser, Blattschreiber (eine Art Fernschreiber mit Schreibmaschinentasten) und dgl..

- Programme und Daten müssen in einer DVA beliebig lange zur Verfügung stehen. Dazu müssen sie in der DVA in einem *Speicher* abgespeichert werden. Während bei dem Bearbeiter im Fernmeldeamt zur Speicherung der Daten ein Blatt Papier und zur kurzfristigen Speicherung das Gedächtnis genügte, müssen in einer elektronischen DVA aufwendige elektronische Speichermedien verwendet werden.

- Eine DVA muß das Programm ausführen können, indem es einen Befehl nach dem anderen abarbeitet. Dazu muß sie geeignete Einrichtungen besitzen, die die notwendigen, einfachen Handgriffe des Bearbeiters, z. B. die Tastenbedienung des Tischrechners, ersetzen können. Für diese Aufgabe ist in einer DVA ein *Steuerwerk* vorgesehen.

- Eine DVA benötigt, ähnlich wie der Bearbeiter im Fernmeldeamt, eine Einrichtung, die Berechnungen ausführt. Diese Einrichtung wird in einer DVA *Rechenwerk* genannt.

- Eine DVA muß die Ergebnisse der Verarbeitung beliebig lange abspeichern können, um sie später auf Wunsch auszugeben. Diesen Vorgang nennt man bei einer DVA einfach *Ausgabe*. Sie erfolgt über *Ausgabeeinheiten* wie Bildschirm, Drucker, Blattschreiber und dgl.

Daraus ergibt sich folgende Struktur einer Datenverarbeitsanlage (Bild 1.1):

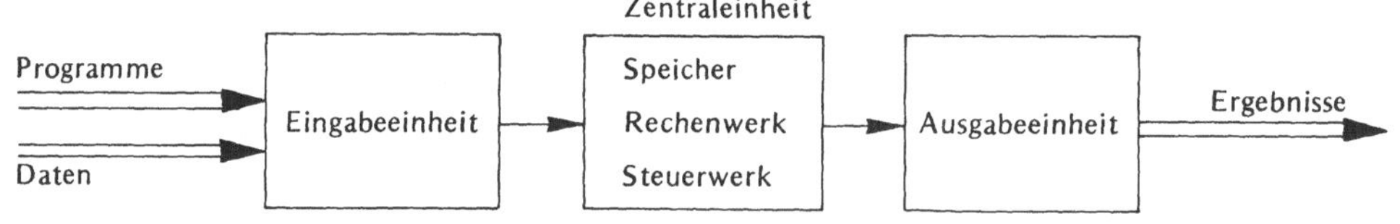

Bild 1.1

Speicher, Rechen- und Steuerwerk werden meist unter dem Begriff *Zentraleinheit* zusammengefaßt.

Datenverarbeitungsanlagen stellen zwar die technischen Funktionseinheiten zur Verfügung, aber erst die Verbindung von DVA und Programm ergibt ein funktionsfähiges Datenverarbeitungs*system*, in dem die technischen Funktionseinheiten der DVA in gewollter, sinnvoller Weise selbsttätig die gestellte Aufgabe lösen. Die geistige Leistung, die dem Menschen verbleibt, liegt in der für die DVA verständlichen Beschreibung der Arbeitsanweisung, der sog. Programmierung der DVA. Diese Aufgabe kann an keine Maschine abgegeben werden.

2 Programmiersprachen

2.1 Allgemeines

Bei programmgesteuerten Datenverarbeitungssystemen wird bewußt eine Trennung zwischen Arbeitsanweisung (Programm oder sog. Software) und ausführender Anlage (DVA oder sog. Hardware) vorgenommen. Dadurch ist ein und dieselbe Anlage fähig, nicht nur eine einzige, sondern eine Vielzahl von Aufgaben auszuführen. Wenn eine DVA eine andere Aufgabe bearbeiten soll, braucht nur das Programm geändert bzw. ausgetauscht zu werden.

Zum Aufstellen der Programme lassen sich prinzipiell folgende Programmiersprachen verwenden:

- Maschinensprachen
- Assemblersprachen
- Problemorientierte Programmiersprachen

2.2 Maschinensprachen

In den Anfängen der Datenverarbeitung wurde die Arbeitsanweisung für eine DVA in der sog. Maschinensprache programmiert. Dabei handelt es sich in der Regel um eine Codierung der Befehle in Binärziffern, die von den meist digital arbeitenden Datenverarbeitungsanlagen ohne weitere Übersetzung verstanden werden und ohne menschliche Hilfe in Steuersignale umgesetzt werden können.

Maschinensprachen werden heute nur noch selten benutzt. Dies liegt vor allem daran, daß die Darstellung der Befehle durch Binärziffern

- relativ zeitaufwendig
- recht unübersichtlich und damit fehleranfällig und
- schwer merkbar

ist. Mit wachsenden Aufgaben in der Datenverarbeitung wurde deutlich, daß nach einer einfacheren, schnelleren und wirtschaftlicheren Programmierung gesucht werden mußte.

2.3 Assemblersprachen

Mit der Entwicklung von Assemblersprachen wurde ein erster Schritt zur Vereinfachung der Programmierung getan. Die Assemblersprache ist eine symbolische Programmiersprache, bei der der Befehlsschlüssel nicht mehr aus einer Folge von Binärzeichen besteht, sondern aus einem leicht erkennbaren symbolischen Code. So könnte der Befehl „Addiere", der in einem Maschinencode beispielsweise „11011010" geschrieben wird, durch den leicht erlernbaren symbolischen Ausdruck „ADD" ersetzt werden.

Die Datenverarbeitungsanlage ,,versteht" trotzdem nur den Maschinencode. Es muß also
eine Einrichtung gefunden werden, die die Assemblersprache in den Maschinencode über-
führt. Diesen Vorgang nennt man auch, da es sich um ,,Sprachen" handelt, *Übersetzung*.
Sie läuft nach festen Regeln ab und kann deshalb mit Hilfe eines geeigneten Programmes
von der DVA selbst vorgenommen werden. Das Übersetzungsprogramm, das die Assemblersprache in den Maschinencode übersetzt, heißt *Assembler*.

Die Assemblersprache ist eine maschinenorientierte Programmiersprache, weil *jeder* Befehl
der Maschinensprache durch einen symbolischen Ausdruck ersetzt wird. Dies bringt den
Nachteil mit sich, daß sie vom Typ der DVA abhängt, so daß zur Programmierung eines
bestimmten Problems für verschiedene DVA-Typen unterschiedliche Programme geschrieben werden müssen.

2.4 Problemorientierte Programmiersprachen

Den genannten Nachteil der Assemblersprachen vermeiden die problemorientierten Programmiersprachen. Ihre Entwicklung orientiert sich unabhängig von der jeweiligen Maschinensprache nur am Problem. Dadurch werden sie anlageunabhängig. Als Beispiel mögen die
mathematisch-naturwissenschaftlich orientierten Programmiersprachen dienen. Sie beschreiben unabhängig von der Maschinensprache eine mathematische Aufgabe, wie aus der
Mathematik gewohnt, mit Hilfe einer mathematischen Formel.

Eine als Formel dargestellte Anweisung kann eine Datenverarbeitungsanlage nicht direkt
,,verstehen". Sie ,,versteht" nur den Maschinencode. Daher ist eine Übersetzung von der
mathematischen Formelsprache in die Maschinensprache nötig. Da die Übersetzung nach
festen Regeln ablaufen muß, kann die Datenverarbeitungsanlage auch hier die Übersetzung
selbst durch Verwendung eines geeigneten Programms vornehmen. Dieses Programm wird
Compiler genannt.

Die problemorientierten Sprachen zeichnen sich aus durch

- bessere Überschaubarkeit der Programme durch Anweisungen in der Fachsprache
- geringeren Zeitbedarf für die Programmierung
- leichte Erlernbarkeit
- Unabhängigkeit von dem Typ der Datenverarbeitungsanlage

Weit verbreitete problemorientierte Programmiersprachen sind z. B.:

Name	Bedeutung	Anwendungsbereich
ALGOL	Algorithmic Language	mathematisch-naturwissenschaftlich
FORTRAN	Formula Translation	mathematisch-naturwissenschaftlich
COBOL	Common Bussiness Oriented Language	kommerziell
PL 1	Programming Language Nr. 1	kommerziell/mathematisch-natur-wissenschaftlich
BASIC	Beginners All-purpose Symbolic Instruction Code	Programmierung im Dialog mit der DVA

Eine noch relativ junge, aber zukunftsträchtige höhere Programmiersprache ist PASCAL. Sie eignet sich sowohl zur Behandlung von numerischen als auch nichtnumerischen (kommerziellen) Problemen und unterstützt die strukturierte Programmierung (vgl. Kap. 4.2).

2.5 Die strukturierte Programmiersprache PASCAL

Die Programmiersprache PASCAL wurde an der ETH Zürich von Prof. N. Wirth entwickelt und 1971 vorgestellt [2]. Sie fand eine schnelle Verbreitung, da das systematische Programmieren in strukturierter Form unterstützt wird. Auf die Besonderheiten der strukturierten Programmierung wird in den nächsten Kapiteln näher eingegangen.

PASCAL-Compiler sind inzwischen für nahezu alle gängigen DVAs entwickelt worden. Insbesondere findet PASCAL in letzter Zeit auch Eingang bei kleineren DVAs, den sog. Mikro- bzw. Personalcomputern.

Damit PASCAL weitgehend unabhängig von den Herstellern der Computer bleibt, bemüht man sich auf nationaler Ebene (DIN) und internationaler Ebene (ISO/TC/97/SC 5), um eine Standardisierung von PASCAL. Der jetzige Stand zeigt, daß man sich eng an den Report von Jensen/Wirth [2] halten wird.

Der PASCAL-Befehlsvorrat, auf den in diesem Buch näher eingegangen wird, wurde so ausgewählt, daß er in allen modernen PASCAL-Versionen vorhanden ist, sich aber auf ein Mindestmaß an Befehlen beschränkt. Der Programmieranfänger verliert auf diese Weise nicht den Überblick in der Vielfalt der Möglichkeiten. Es ist jedoch sichergestellt, daß er mit den elementaren Bestandteilen vollständige Programme erstellen kann. Ein späterer Übergang zum vollen PASCAL Befehlsvorrat ist jederzeit möglich und fällt nach dieser Einführung leichter.

Vor einer Betrachtung von Einzelheiten der Programmiersprache PASCAL sollen diejenigen Schritte diskutiert werden, die aufeinander folgen müssen, um ein ablauffähiges getestetes PASCAL-Programm zu erhalten.

Folgende Schritte müssen bei der Programmierung aufeinanderfolgen:

Schritt 1:   Problemaufbereitung
Schritt 2:   Zeichnen des Programmablaufplanes
Schritt 3:   Schreiben des Primärprogramms (Struktogrammes)
Schritt 4:   Programmtest
Schritt 5:   Programmkorrektur
Schritt 6:   Dokumentation

Auf diese einzelnen Schritte wird im folgenden näher eingegangen.

3 Problemaufbereitung

Vor der Programmierung eines Problems in einer beliebigen Programmiersprache empfiehlt es sich,

- das Problem aufzubereiten und
- den Programmablauf grafisch darzustellen.

Erst anschließend sollte man, zumindest bei umfangreichen Problemen, zum Schreiben des **Primärprogrammes** in einer beliebigen Programmiersprache übergehen.

Zur Problemaufbereitung gehört

- eine vollständige Formulierung der Aufgabe und
- eine Problemanalyse der Aufgabe.

Die Aufgabe ist zunächst vollständig mit allen **Randbedingungen** in der Umgangssprache zu formulieren. In der darauf folgenden **Problemanalyse** ist u. a. zu untersuchen,

- ob die Aufgabe überhaupt mit Hilfe einer Datenverarbeitungsanlage (kurz DVA) gelöst werden kann,
- welche alternativen Lösungswege sich für die Aufgabe anbieten und
- welcher der möglichen Lösungswege der günstigste ist.

4 Darstellung von Programmabläufen

Nachdem bei der Problemaufbereitung ein günstig erscheinender Lösungsweg gefunden wurde, empfiehlt es sich vielfach, die einzelnen Schritte zur Lösung des Problems grafisch darzustellen. Hier stehen dem Programmierer zwei wichtige Darstellungsweisen zur Verfügung:

- Darstellung mit Hilfe von *Programmablaufplänen*.
- Darstellung mit Hilfe von *Struktogrammen*.

Diese beiden Darstellungsweisen sollen im folgenden besprochen und miteinander verglichen werden.

4.1 Programmablaufpläne

Ein Programmablaufplan ist eine grafische Darstellung, die den Arbeitsablauf einer Problemstellung in einzelnen Schritten darstellt.

Die Programmablaufpläne setzen sich aus verschiedenen Sinnbildern zusammen, die nach DIN 66001 genormt sind. Durch Einfügen eines Textes in die Sinnbilder wird die Art der Vorgänge genau spezifiziert. Die Reihenfolge der Vorgänge wird durch Pfeile angedeutet. Für einfache Aufgaben genügt die Kenntnis der in Bild 4.1 aufgeführten Sinnbilder.

Das Zeichnen der Programmablaufpläne wird durch Schablonen erleichtert (Bild 4.2).

Folgende Regeln sollte man bei der Aufstellung von Programmablaufplänen beachten:

- Genormte Symbole benutzen
- Programmablaufplan so aufbauen, daß er von oben nach unten gelesen werden kann
- Richtung der Vorgänge durch Pfeile andeuten
- Knappe, aussagekräftige Texte in die Sinnbilder eintragen
- Aufteilung komplexer Programmablaufpläne in mehrere kleine Programmablaufpläne

Vorteile bei der Anwendung von Programmablaufplänen

Der Programmablaufplan erweist sich bei umfangreichen Aufgaben als sehr zweckmäßig. Insbesondere sind folgende Vorteile zu nennen:

- Der Programmablaufplan verschafft dem Programmierer durch die logische Gliederung einen Überblick über den Gang der Rechnung.
- Der Programmablaufplan verhindert das Programmieren von „Sackgassen".

  Eine Sackgasse würde sich z. B. in einem Programm ergeben, wenn ein Zweig einer Verzweigung durch Vergeßlichkeit des Programmierers nicht weiter berücksichtigt würde. Wenn bei einer späteren Benutzung des Programms dieser Zweig gewählt wird, so gibt es keine darauffolgende Anweisung. Das Programm endet in einer Sackgasse. In einem Programmablaufplan sind derartige Sackgassen gut zu erkennen und können somit vermieden werden.

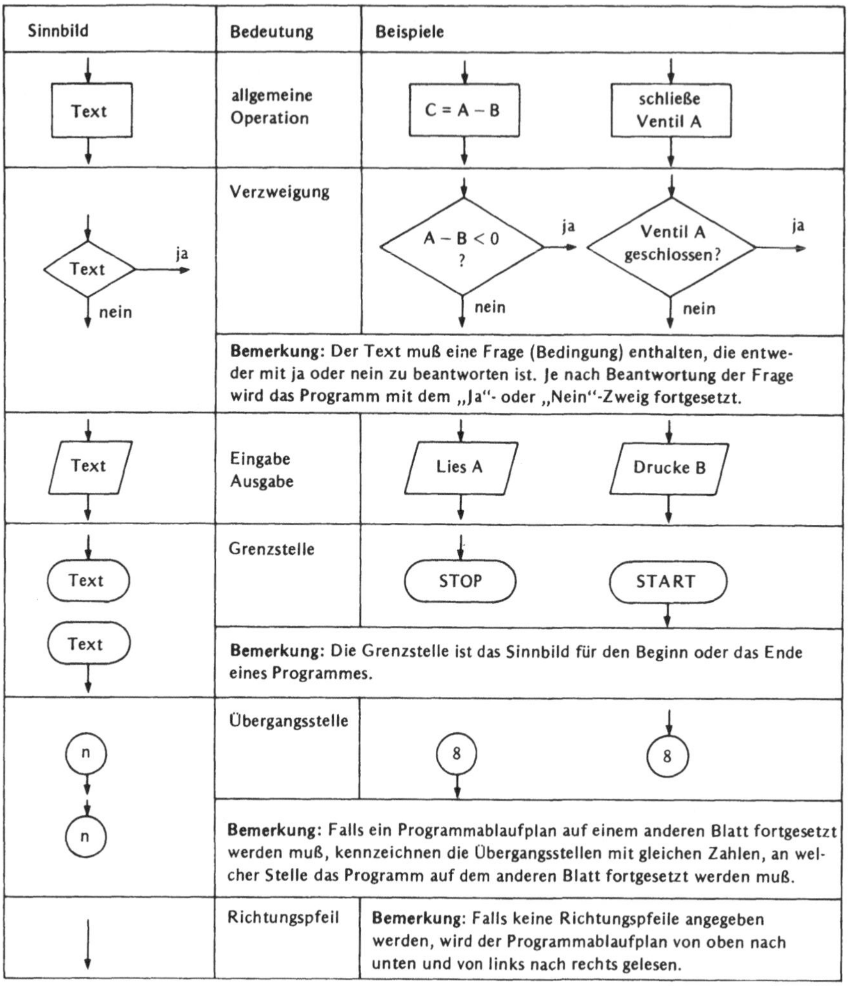

Sinnbild	Bedeutung	Beispiele	
Text (Rechteck)	allgemeine Operation	$C = A - B$	schließe Ventil A
Text (Raute) ja / nein	Verzweigung	$A - B < 0$? — ja / nein	Ventil A geschlossen? — ja / nein
		Bemerkung: Der Text muß eine Frage (Bedingung) enthalten, die entweder mit ja oder nein zu beantworten ist. Je nach Beantwortung der Frage wird das Programm mit dem „Ja"- oder „Nein"-Zweig fortgesetzt.	
Text (Parallelogramm)	Eingabe Ausgabe	Lies A	Drucke B
Text (Grenzstelle) Text	Grenzstelle	STOP	START
		Bemerkung: Die Grenzstelle ist das Sinnbild für den Beginn oder das Ende eines Programmes.	
n / n (Kreise)	Übergangsstelle	8	8
		Bemerkung: Falls ein Programmablaufplan auf einem anderen Blatt fortgesetzt werden muß, kennzeichnen die Übergangsstellen mit gleichen Zahlen, an welcher Stelle das Programm auf dem anderen Blatt fortgesetzt werden muß.	
↓	Richtungspfeil	**Bemerkung:** Falls keine Richtungspfeile angegeben werden, wird der Programmablaufplan von oben nach unten und von links nach rechts gelesen.	

Bild 4.1 Nach DIN 66001 genormte Sinnbilder von Programmablaufplänen

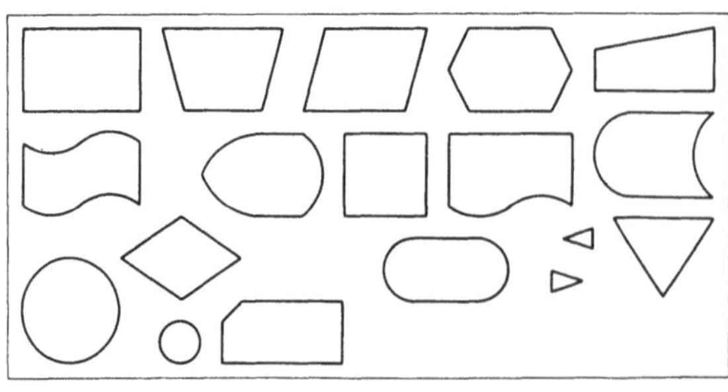

Bild 4.2
Beispiel einer Schablone zur Erstellung von Programmablaufplänen

- Der Programmablaufplan bietet ein gutes Verständisgungsmittel zwischen einem Spezialisten und einem Programmierer.

  Spezialisten verfügen teilweise über keine ausreichenden Programmierkenntnisse. Ein Programmierer hingegen verfügt nicht immer über die notwendigen Spezialkenntnisse, um programmierbare Regeln aus einer Aufgabenstellung abzuleiten. Hier bietet sich der Programmablaufplan als gemeinsames Verständigungsmittel an.

- Der Programmablaufplan hilft bei der Fehlersuche von logischen Fehlern.

  Durch die logische Gliederung des Problems in eine Folge von Einzelschritten ist der Programmablaufplan wegen der besseren Übersicht meist besser als das Programm selbst geeignet, logische Fehler im Programmablauf zu finden.

- Der Programmablaufplan dient zur Dokumentation des Programms.

  Programme sollen auch später, eventuell von anderen Personen, wieder benutzt werden können. Sie müssen sich auf einfache Art darüber informieren können, wie das Programm aufgebaut ist, welcher Lösungsweg gewählt wurde usw. In vielen Fällen kann der Programmablaufplan eine spezielle Programmbeschreibung ersparen.

4.2 Struktogramme

Programmablaufpläne sind als Hilfsmittel zur grafischen Darstellung von Programmen weit verbreitet und auch genormt. Sie beschreiben die logische Struktur eines Algorithmus und den Ablauf, d. h. die Reihenfolge der Schritte des zu programmierenden Problems. Die Praxis zeigt jedoch, daß dieses Hilfsmittel den Programmierer dazu verführt, Programme ohne größere Überlegung an beliebigen Stellen zu *verzweigen* und mit Hilfe der Übergangsstellen an beliebigen Orten, oft auf anderen Blättern, wieder *zusammenzuführen*. Dadurch ist ein Programm vielfach nicht mehr in einfache, selbständige Blöcke aufteilbar, d. h. die Strukturierung des Programms wird erschwert oder sogar unmöglich gemacht. Die Strukturierung ist jedoch für umfangreiche Problemstellungen sehr wichtig. Aus diesem Grunde haben *Nassi* und *Shneidermann* eine grafische Darstellungsmethode entwickelt, die einen ,,Sprung" von einem Punkt zu einem anderen Punkt im Programmablaufplan verhindert. Damit wird gleichzeitig sichergestellt, daß nicht nur der ,,*Programmfluß*", sondern auch die ,,*Programmstruktur*" deutlich wird, d. h. die Bedeutung der einzelnen Programmteile für den Gesamtablauf wird auf den ersten Blick erkennbar. Das Lesen und Zeichnen von Struktogrammen ist schnell erlernbar, da im wesentlichen nur 4 Basis-Symbole verwendet werden, die in speziellen Fällen etwas verändert werden. Sie sind zwar nicht genormt, jedoch in der Literatur bislang gleichartig dargestellt worden. Die 4 Basis-Symbole und zwei häufig benutzte Varianten zeigen Bild 4.3 und Bild 4.4.

Die Programmiersprache PASCAL unterstützt durch ihren Befehlsvorrat die strukturierte Programmierung. Ein Sprungbefehl wird im allgemeinen nicht benötigt.

Sinnbild	Bedeutung	Erläuterung
Text	*Prozeß* (Aktivität, Operation)	Das Prozeßsinnbild dient zur Darstellung eines oder mehrerer Befehle wie z. B.: • Wertzuweisungen (arithmetische Zuordnungsanweisungen) • Ein- und Ausgabeanweisungen (diese besitzen in Programmablaufplänen ein spezielles Sinnbild) • Unterprogrammaufrufe (diese besitzen in Programmablaufplänen ebenfalls ein spezielles Sinnbild, das allerdings in Bild 4.1 nicht aufgenommen wurde). Die Form des Prozeßsinnbildes ist rechteckig. Die Größe ist frei wählbar.
Text F T	*Verzweigung* (Entscheidung, Selektion)	Das Verzweigungssinnbild dient zur Darstellung bedingter Verzweigungen mit zwei Alternativen (Ja/Nein-Entscheidung). Das Verzweigungssinnbild besteht aus drei Dreiecken. Das mittlere Dreieck (Text) enthält die Bedingung (Frage), die entweder mit NEIN (F = FALSE) oder JA (T = TRUE) zu beantworten ist. Je nach Beantwortung der Frage wird das Programm mit einem Prozeßsinnbild, das direkt auf das linke Dreieck (F) oder auf das rechte Dreieck (T) folgt, fortgesetzt. Die Größe des Verzweigungssinnbildes ist von der jeweiligen Anwendung und dessen Erfordernissen abhängig.
Wiederholungsbed. Rumpf	*Wiederholung* (Schleife, Iteration)	Das Wiederholungssinnbild dient zur Darstellung von Schleifen. Die Wiederholungsbedingung steht links oben im Wiederholungssinnbild. Hier wird z. B. die Zahl der Wiederholungen angegeben oder die Bedingung, unter der die Wiederholung zu beenden ist. Die zu wiederholenden Anweisungen stehen im inneren Rechteck (Rumpf). Der Rumpf kann aus einer Struktur beliebiger Verwicklung bestehen. Eine Verschachtelung von Schleifen ist möglich (weitere Schleifen im Rumpf!)
BEGIN Rumpf END	*Anfang und Ende*	Das Anfang- und Ende-Sinnbild dient zur Darstellung des Beginns oder des Endes von Programmen.

Bild 4.3 Grund-Symbole für Struktogramme

Sinnbild	Bedeutung	Erläuterung
Text 1 2 3 4 ... n	*Mehrfachverzweigung* *(Schalter)*	Das Mehrfachverzweigungssinnbild dient zur Darstellung bedingter Verzweigungen mit mehr als zwei Alternativen. Das obere Dreieck des Sinnbildes enthält die Fallabfrage (Bedingung), d. h. hier wird angegeben, unter welcher Bedingung zu den einzelnen Fällen (1,2, ..., n) verzweigt wird.
Wiederholungsbed. Rumpf Abbruchbed.	*Schleife mit* *Abbruchbedingung*	Dieses Sinnbild dient zur Darstellung von Schleifen, die unter bestimmten Bedingungen abzubrechen sind. Es gleicht dem normalen Wiederholungssinnbild mit dem Unterschied, daß im Rumpf die Abbruchbedingung aufgenommen ist.

Bild 4.4 Häufig benutzte Symbolvarianten für Struktogramme

Beispiel

Aufgabenstellung:

Es soll die Ablaufstruktur folgender Lampenschaltung grafisch mit Hilfe eines Programmablaufplanes und eines Struktogrammes dargestellt werden, die die Lampe zum Leuchten bzw. nicht zum Leuchten bringt.

Lampenschaltung:

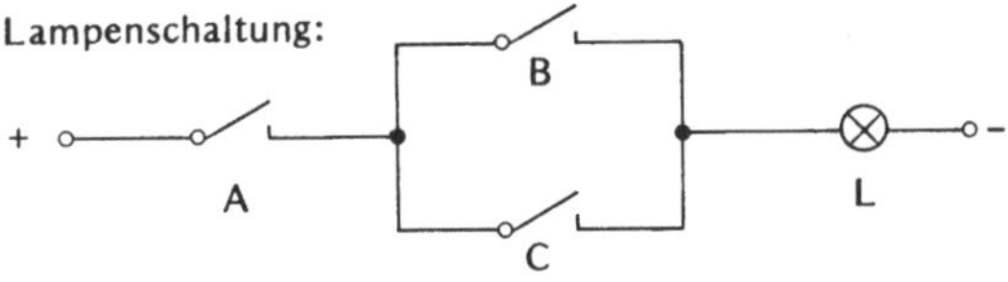

Programmablaufplan:

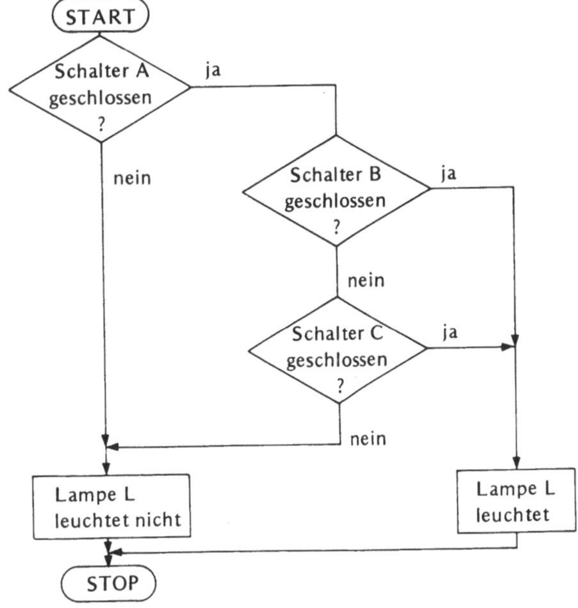

Struktogramm:

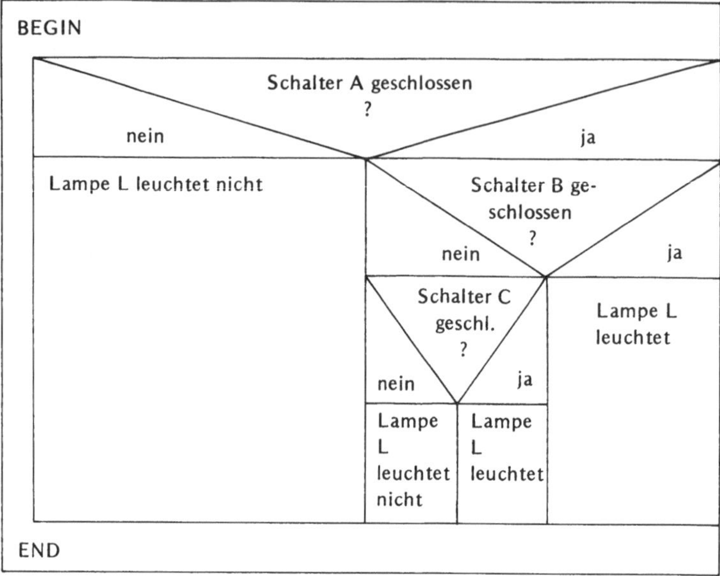

4.3 Übungsaufgaben

Die Lösungen der Übungsaufgaben befinden sich in Kap. 14.

Aufgabe 4.1

Aus einer bestimmten Anzahl N von positiven Zahlen A (I) soll durch einen Suchvorgang die maximale Zahl Amax ermittelt werden. Die Ablaufstruktur soll mit Hilfe eines Programmablaufplanes und eines Struktogrammes dargestellt werden.

5 Schreiben von PASCAL-Primärprogrammen

Nach der Problemaufbereitung und der Aufstellung des zugehörigen Programmablaufplanes (bzw. Struktogrammes) kann die eigentliche Programmierung in der gewünschten Programmiersprache erfolgen. Der Programmierer wird dazu das Programm zunächst handschriftlich auf einem Blatt Papier entwerfen. Daher wird dieser erste Programmentwurf auch *Primärprogramm* genannt. Dies ist die eigentliche Arbeit des Programmierens.

Erst anschließend wird das Programm auf Lochkarten oder auf andere zur maschinellen Eingabe geeigneten Datenträger übertragen, bzw. direkt über ein Terminal (z. B. über einen Fernschreiber) in die DVA eingegeben. Dies können anhand des Primärprogrammes vielfach auch Personen, die nicht programmieren können (Datentypisten). Dieses maschinenlesbare Programm in der höheren Programmiersprache stellt für die DVA die Programmquelle dar und wird daher *Quellprogramm* genannt. Aus diesem Quellprogramm erstellt der Compiler das *Objektprogramm* (Maschinencode). Dann erst kann der Rechenlauf folgen. Dazu müssen aber vorher noch die Eingabedaten eingegeben werden.

5.1 Allgemeine Regeln zum Schreiben von PASCAL-Primärprogrammen

Die Grobstruktur von PASCAL-Programmen soll hier einführend erläutert werden. Auf Einzelheiten wird später genauer eingegangen.

5.1.1 Programmstruktur

Ein Programm besteht aus einer Folge von *Anweisungen* (Befehlen). Zur richtigen Ausführung der Anweisungen benötigt die DVA in der Regel Zusatzinformationen. Diese Informationen dienen nicht dem Fortgang der Rechnung. Sie unterscheiden sich dadurch von den Anweisungen und werden *Vereinbarungen* genannt.

Das PASCAL-Programm besteht aus einem Vereinbarungsteil, gefolgt von einem Anweisungsteil.

- Im *Vereinbarungsteil* wird im sog. *Programmkopf* der Programmname sowie das gewünschte Ein- und Ausgabegerät vereinbart. Weiterhin werden im Vereinbarungsteil u. a. Konstanten, der Typ der Variablen und dergleichen vereinbart. Die einzelnen Vereinbarungen werden durch ein Semikolon (;) voneinander getrennt.
  Dieser Themenkomplex soll an dieser Stelle nicht weiter vertieft werden. An späterer Stelle (Kap. 7) wird noch ausführlich auf den Vereinbarungsteil eingegangen.
  Der Vereinbarungsteil besteht aus Vereinbarungen.
  Die Vereinbarungen stellen Zusatzinformationen für die DVA dar, die nicht dem Fortgang der Rechnung dienen.
  Die Vereinbarungen des Vereinbarungsteils werden durch Semikolons voneinander getrennt.

- Der *Anweisungsteil* beginnt mit dem Wortsymbol *BEGIN* und endet mit dem Wortsymbol *END*. Zwischen diesen Wortsymbolen steht die Berechnungsvorschrift (Algorithmus).

  Die Berechnungsvorschrift besteht aus einer oder mehreren Anweisungen. Folgen mehrere Anweisungen aufeinander, so werden die Anweisungen durch ein Semikolon getrennt.

  Die Anweisungen werden in der Reihenfolge bearbeitet, in der sie im Programm aufeinanderfolgen.

  Den Abschluß des Programmes bildet ein Punkt nach dem Wortsymbol END.

  Der Anweisungsteil besteht aus einer Anweisung oder einer Folge von Anweisungen. Er wird durch die Wortsymbole BEGIN und END begrenzt.

  Bei mehreren Anweisungen werden die einzelnen Anweisungen durch Semikolons getrennt.

  Das Programm wird hinter dem Wortsymbol END durch einen Punkt abgeschlossen.

  Zusammengehörende Teile *im Anweisungsteil* des Programms werden, wie später noch gezeigt wird (vgl. Kap. 10.3, 10.4), zum Teil ebenfalls durch die Wortsymbole BEGIN und END begrenzt. Auch hier werden die einzelnen Anweisungen einer Anweisungsfolge durch Semikolons getrennt.

  Da die Trennung der Anweisungen durch Semikolons erfolgt, können die einzelnen Anweisungen in einer Zeile direkt aufeinanderfolgen. Übersichtlicher ist es jedoch vielfach, die einzelnen Anweisungen jeweils in aufeinanderfolgenden Zeilen anzugeben. Die Übersichtlichkeit wird noch weiter erhöht, wenn man versucht, die Struktur des Struktogrammes im Programm nachzubilden. Dies kann z. B. erreicht werden, indem man die Anweisungen mit Hilfe von Leerzeichen (Betätigung der sog. Leertaste bzw. Fortsetzungstaste des Eingabegerätes) so einrückt, daß zusammengehörende Teile optisch auch als zusammengehörend erkannt werden. Dies wird in den später folgenden Beispielen deutlich zu erkennen sein und ist ebenfalls ein Kennzeichen der strukturierten Programmierung.

  Leerzeichen *können* zur optischen Gliederung im Anweisungsteil des Programmes beliebig verwendet werden.

  Die Grobstruktur eines PASCAL-Programmes ergibt sich somit nach Bild 5.1.

- Jede *Anweisung* des Anweisungsteiles besteht aus einem *Schlüsselwort* (Wortsymbol). Das Schlüsselwort gibt die Art der auszuführenden Operation an. Die Schlüsselworte werden in der Regel noch durch nähere Angaben zu den speziellen Operationen ergänzt.

  Das Schlüsselwort einer Anweisung wird zur Hervorhebung im folgenden *fett* gedruckt, die zugehörige spezielle Operation hingegen normal.

  Ein Schlüsselwort *muß* von den nachfolgenden Angaben stets durch ein Leerzeichen getrennt werden. Dies gilt auch für alle anderen Wortsymbole.

  Leerzeichnen werden somit in bestimmten Fällen als Trennungszeichen interpretiert. Aus diesem Grunde dürfen *innerhalb* von Wortsymbolen oder Schlüsselworten keine Leerzeichen auftreten (vgl. z. B. Kap. 6.3.1).[1]

  Innerhalb von Wortsymbolen bzw. Schlüsselworten dürfen keine Leerzeichen stehen.

---

[1] Innerhalb von Konstanten dürfen ebenfalls keine Leerzeichen stehen (vgl. Kap. 6.2).

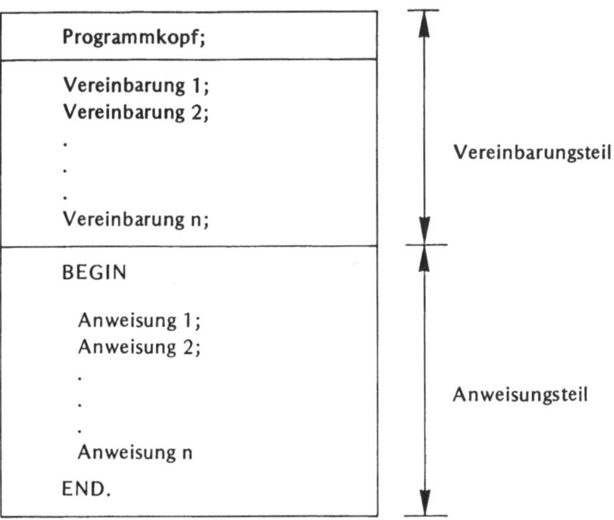

Bild 5.1 Grobstruktur eines PASCAL-Programmes.

5.1.2 Schreibregeln

- **Es sollten nur Großbuchstaben verwendet werden.**

  Beim handgeschriebenen Primärprogramm sollten nur Großbuchstaben verwendet werden, da der noch zu beschreibende PASCAL-Zeichenvorrat (vgl. 6.1) zur Begrenzung der Zahl verschiedenartiger Zeichen nur Großbuchstaben beinhaltet.[1]

- **Auf die Verwendung von Umlauten muß verzichtet werden.**

  Dies ist ebenfalls auf den beschränkten PASCAL-Zeichenvorrat zurückzuführen.

- **Die Ziffer Null wird Ø geschrieben.**

  Um die *handgeschriebene* Ziffer 0 deutlich von dem handgeschriebenen Buchstaben O unterscheiden zu können, wird die Ziffer Null mit einem Schrägstrich versehen.

  Beispiel: 1Ø3;
  Diese Besonderheit gewinnt Bedeutung, wenn man bedenkt, daß der Programmierer das Primärprogramm vielfach einer Datentypistin übergibt, deren Aufgabe es ist, anhand des handschriftlichen Primärprogramms z. B. die zugehörigen Lochkarten zu erstellen. Sie kann nicht wissen, ob eine Null oder der Buchstabe O richtig ist. Dies muß daher deutlich aus der handschriftlichen Aufzeichnung hervorgehen.

---

[1] PASCAL beinhaltet standardmäßig auch Kleinbuchstaben.

5.2 Zusammenfassung

Das PASCAL-Programm besteht aus einem Vereinbarungsteil, gefolgt von einem Anweisungsteil.

- Der Vereinbarungsteil besteht aus Vereinbarungen.

  Die Vereinbarungen stellen Zusatzinformationen für die DVA dar, die nicht dem Fortgang der Rechnung dienen.

  Die Vereinbarungen des Vereinbarungsteils werden durch Semikolons voneinander getrennt.

- Der Anweisungsteil besteht aus einer Folge von Anweisungen.

  Er wird durch die Wortsymbole BEGIN und END begrenzt.

  Bei mehreren Anweisungen werden die einzelnen Anweisungen durch Semikolons getrennt.

  Das Programm wird hinter dem Wortsymbol END durch einen Punkt abgeschlossen.

Leerzeichen können zur optischen Gliederung zwischen den Programmteilen beliebig verwendet werden mit folgenden Einschränkungen:

- Ein Wortsymbol (Schlüsselwort) *muß* von den nachfolgenden Angaben stets durch ein Leerzeichen getrennt werden.

- Innerhalb von Wortsymbolen (Schlüsselworten) dürfen *keine* Leerzeichen stehen.

Beim Schreiben von Primärprogrammen

- sollten nur Großbuchstaben verwendet werden,
- muß auf die Verwendung von Umlauten verzichtet werden,
- sollte die Ziffer Null mit einem Querstrich versehen werden ($\emptyset$).

6 PASCAL-Sprachelemente

Ebenso wie eine natürliche Sprache nach bestimmten Regeln abgefaßt ist, muß auch eine Programmsprache nach bestimmten Regeln aufgebaut sein.

Man unterscheidet in der natürlichen Sprache zwei Arten von Regeln:

- Syntaktische Regeln (Syntax)

  Sie befassen sich mit dem *formalen* Aufbau der Sprache. Zu den syntaktischen Regeln gehören somit z. B. Rechtschreibung und Grammatik.

- Semantische Regeln (Semantik)

  Sie befassen sich mit dem *Inhalt* und der *Bedeutung* von Begriffen. In der deutschen Sprache haben einige Begriffe mehrere Bedeutungen. Die jeweilige Bedeutung, die gemeint ist, ergibt sich erst aus dem Inhalt, d. h. aus dem Zusammenhang im Text. Der Begriff Mutter hat z. B. zum einen die Bedeutung eines Verwandtschaftsverhältnisses, zum anderen aber die Bedeutung eines technischen Bauelementes, das im Zusammenhang zur Schraube steht. Ähnliches gilt für den Begriff Bank, zum einen als Sitzgelegenheit, zum anderen als Geldinstitut. Die Liste mit mehrdeutigen Begriffen ließe sich weiter fortführen.

In der Programmsprache werden in der Regel Mehrdeutigkeiten ausgeschlossen. Somit liegt das Schwergewicht bei der Syntax der Programmiersprache. Sie enthält die formalen Regeln, nach denen die Programmsprache aufgebaut ist. Sie sollen im folgenden schrittweise erläutert werden.

6.1 PASCAL-Zeichenvorrat

Jede Sprache, wie z. B. Griechisch, Russisch, Arabisch, Chinesisch usw. läßt sich mit Hilfe einer bestimmten Anzahl von Grundsymbolen darstellen. Zu den Grundsymbolen im Griechischen zählen die griechischen Buchstaben. Im Russischen sind es die kyrillischen Buchstaben. Die arabische und die chinesische Schriftsprache besteht aus wieder anderen Grundsymbolen. Die Menge der Grundsymbole, aus der eine Sprache besteht, wird Zeichenvorrat genannt.

PASCAL ist eine Programmier*sprache*. Wie jede andere Sprache besitzt auch sie einen begrenzten Zeichenvorrat.

Der in diesem Buch verwendete Zeichenvorrat von PASCAL umfaßt

- 26 Großbuchstaben (A bis Z)
- 10 Ziffern   (Ø bis 9)

- **18 Sonderzeichen**   + – * / = , . ( ) : ; <> " { } [ ]
- **1 Leerzeichen**   ⊔ [1])

Sonderzeichen, wie z. B. griechische Buchstaben, Fragezeichen, Zeichen der Mengenlehre, die nicht im PASCAL-Zeichenvorrat enthalten sind, müssen durch andere Symbole ersetzt werden.

Die griechischen Buchstaben α, β, γ ... usw. könnte man z. B. mit dem vorhandenen Zeichenvorrat ausdrücken, indem man die lateinischen Anfangsbuchstaben wählt. Wie in einer normalen Sprache, in der aus dem Zeichenvorrat Worte und Sätze gebildet werden, können auch in der Programmiersprache PASCAL entsprechende Sprachelemente gebildet werden. Zu den PASCAL-Sprachelementen gehören insbesondere

- Konstanten
- Variablen
- Funktionen
- Operationszeichen
- Ausdrücke
- Anweisungen

Sie gehen wie folgt auseinander hervor (Bild 6.1):

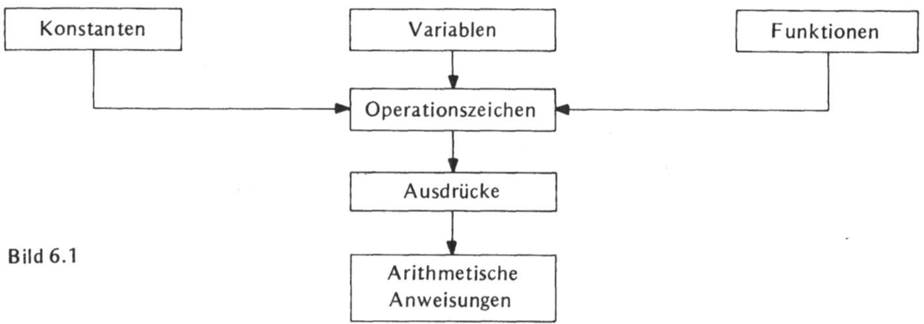

Bild 6.1

Aus dem PASCAL-Zeichenvorrat werden alle PASCAL-Sprachelemente gebildet.

Die Schreibweise dieser Sprachelemente unterliegt, wie schon erwähnt, Regeln, die in den folgenden Abschnitten behandelt werden.

6.2 Konstanten

Eine Konstante hat von Anfang an einen festen Wert, der durch eine bestimmte Zahl festgelegt wird. Sie ändert ihren Wert innerhalb eines Problems nicht.

---

[1]) Das Leerzeichen (engl. blank) wird durch Betätigung der Leertaste des Eingabegerätes erzeugt. Es wird nur *symbolisch* durch das Zeichen ⊔ dargestellt. In Wirklichkeit stellt das Leerzeichen einen freien Raum dar, der durch kein anderes Zeichen besetzt wird.

Eine Konstante ist eine unveränderliche Größe.

Man unterscheidet folgende Arten von Konstanten:

- Ganze Zahlen
- Dezimalzahlen in Dezimalschreibweise
- Dezimalzahlen in Potenzschreibweise

- **Ganze Zahlen (INTEGER-Zahlen)**

  Ganze Zahlen werden in PASCAL-Programmen folgendermaßen geschrieben:

  ± Ziffernfolge

  Das *Vorzeichen* − (Minus) vor der Ziffernfolge muß geschrieben werden, während das Vorzeichen + (Plus) wie in der Mathematik fortfallen kann.

Beispiel

Ganze Zahlen	
Mathematische Schreibweise	PASCAL-Schreibweise
+ 3	+ 3
379	379
− 5813	− 5813
∅11	∅11

Die einzelnen Ziffern werden entsprechend der mathematischen Schreibweise in die DVA eingegeben.

Der Betrag der ganzen Zahl darf einen maschinenabhängigen Wert nicht überschreiten. Er muß dem Handbuch des Herstellers entnommen werden.

- **Dezimalzahlen in Dezimalschreibweise (Festkommadarstellung)**

  Dezimalzahlen in Dezimalschreibweise werden in PASCAL-Programmen folgendermaßen geschrieben:

  ± Ziffernfolge . Ziffernfolge

  Vorzeichen und Ziffern werden in der gleichen Reihenfolge eingegeben, wie es die mathematische Schreibweise zeigt.

  Anstelle des Dezimalkommas tritt jedoch der Dezimalpunkt.

  Als Dezimalzeichen ist nur der Dezimalpunkt erlaubt.

  Es ist zu beachten, daß vor und nach dem Dezimalpunkt mindestens eine Ziffer stehen muß.

  Das positive Vorzeichen kann, wie schon bei den ganzen Zahlen, entfallen.

  Die Stellenanzahl der Dezimalzahlen hängt davon ab, mit welcher Stellenanzahl diese Zahlen in der DVA dargestellt werden. Die in der DVA darstellbare Genauigkeit ist begrenzt und maschinenabhängig. Sie muß dem jeweiligen Herstellerhandbuch entnommen werden.

Beispiel:

Dezimalzahlen		
Mathematische Schreibweise	PASCAL-Schreibweise	fehlerhafte Schreibweise
6,Ø	6.Ø	6.
+ 12,1	+ 12.1	
− 19,63	− 19.63	
Ø,5	Ø.5	.5

● **Dezimalzahlen in Potenzschreibweise (Gleitkommadarstellung)**

Wenn der Betrag einer Dezimalzahl sehr groß oder sehr klein ist, benutzt man vorteilhaft die Potenzschreibweise mit der Basis 10.

Dezimalzahlen in Zehnerexponentialschreibweise werden in PASCAL-Programmen folgendermaßen geschrieben:

$$\underbrace{\pm \text{ Ziffernfolge}}_{\text{Mantisse}} \ \underbrace{E \pm \text{ Ziffernfolge}}_{\text{Exponent}} \ \text{bzw.}$$

$$\underbrace{\pm \text{ Ziffernfolge} \cdot \text{Ziffernfolge}}_{\text{Mantisse}} \ \underbrace{E \pm \text{ Ziffernfolge}}_{\text{Exponent}}$$

Die Ziffernfolge und eine sich eventuell noch nach einem Dezimalpunkt anschließende Ziffernfolge stellt die *Mantisse* dar. Durch den auf die Mantisse folgenden Buchstaben E wird angezeigt, daß die darauf folgende Ziffernfolge die *Zehnerpotenz* darstellt. Das positive Vorzeichen *kann* dabei vor Mantisse und Zehnerpotenz entfallen, das negative Vorzeichen *muß* hingegen in beiden Fällen geschrieben werden.

Beispiele:

Dezimalzahlen		
Mathematische Schreibweise	PASCAL-Schreibweise	fehlerhafte Schreibweise
$5,Ø3 \cdot 1Ø^{23}$	5.Ø3 E + 23	
$7,86 \cdot 1Ø^{-5}$	7.86 E − 5	
$268 \cdot 1Ø^{12}$	268 E 12	
$Ø,033 \cdot 1Ø^{18}$	Ø.Ø33 E 18	
$- 1,234 \cdot 1Ø^{3}$	− 1.234 E 3	
$-55,55 \cdot 1Ø^{-55}$	− 55.55 E − 55	
$1Ø^{10}$	1 E 1Ø	E 1Ø
$5 \cdot 1Ø^{-8}$	5 E − Ø8	5.E − Ø8

Die maximale Größe und die Genauigkeit einer Dezimalzahl in Potenzschreibweise ist maschinenabhängig. Genaue Auskünfte geben die Herstellerhandbücher. Bei der Mantisse, die die *Genauigkeit* bestimmt, kann man in der Regel von mindestens 6 signifikanten Dezimalziffern ausgehen. Die größte Zehnerpotenz, die die *maximale* Größe der Zahl festlegt, schwankt relativ stark. Man kann jedoch von einer mindestens zweistelligen Zehnerpotenz ausgehen.

Folgende Regeln sind bei der Eingabe von Dezimalzahlen in Zehnerexponentialschreibweise zu berücksichtigen:

● **Im Gegensatz zur Mathematik** *muß* **vor dem Exponenten einer PASCAL-Konstanten mindestens eine Ziffer stehen.**

Beispiel:

Mathematische Schreibweise	PASCAL
10^3	1 E3

● **Der Exponent muß immer eine ganze Zahl sein. Dezimalzahlen und Brüche sind nicht erlaubt.**

Ist der Exponent eine Dezimalzahl bzw. ein Bruch, so muß der Wert eines derartigen Ausdrucks durch eine entsprechende Rechenoperation (vgl. 6.4, 6.5) ermittelt werden.

Während die *Eingabe* von Dezimalzahlen in Zehnerexponentialschreibweise keinen weiteren Regeln unterliegt, werden Dezimalzahlen in Zehnerexponentialschreibweise in einer von der DVA genau festgelegten Form *ausgegeben*.

Eine der beiden folgenden *Ausgabevarianten* wird im allgemeinen vorgesehen:

● Die wissenschaftliche Schreibweise

Für die Mantisse gilt bei wissenschaftlicher Schreibweise die Regelung, daß der Dezimalpunkt in der Mantisse hinter der ersten Ziffer ungleich Null stehen muß. Der Exponent wird von der DVA dementsprechend gewählt werden.

Dezimalzahlen in wissenschaftlicher Zehnerexponentialschreibweise haben folgenden prinzipiellen Aufbau:

± Ziffer . Ziffernfolge E ± Ziffernfolge

● Die normierte Schreibweise

Für die Mantisse gilt bei normierter Schreibweise die Regelung, daß vor dem Dezimalpunkt in der Mantisse keine Ziffern ungleich Null stehen. Dies bedeutet, daß die 1. Ziffer vor dem Dezimalpunkt eine Null sein muß. Der Exponent wird von der DVA dementsprechend gewählt.[1])

Dezimalzahlen in normierter Zehnerexponentialschreibweise haben folgenden prinzipiellen Aufbau:

± Ø. Ziffernfolge E ± Ziffernfolge

Beispiel:

Ausgabevarianten von Konstanten in Exponentialschreibweise		
Mathematische Schreibweise	Wissenschaftliche Schreibweise	Normierte Schreibweise
$56{,}4 \cdot 1\emptyset^2$	5.64 E 3	Ø.564 E 4
$1862 \cdot 1\emptyset^{17}$	1.862 E 2Ø	Ø.1862 E 21
$\emptyset{,}\emptyset18 \cdot 1\emptyset^{18}$	1.8 E 16	Ø.18 E 17

---

[1]) Die Ausgabe erfolgt bei den Beispielen dieses Buches in der normierten Schreibweise.

Es wird im allgemeinen immer eine bestimmte Anzahl von Ziffern ausgegeben. Daher werden in beiden Schreibweisen bei der Ausgabe nicht ausgenutzte Stellen durch Nullen aufgefüllt. Ferner werden im allgemeinen positive Vorzeichen automatisch bei der Ausgabe fortgelassen.

6.3 Variablen

Der Gebrauch von Variablen ist aus der Mathematik bekannt. Im Gegensatz zu Konstanten, die von Anfang an einen festen Wert besitzen, wird den Variablen erst im Verlauf der Rechnung ein Wert zugeordnet.

Eine Variable steht stellvertretend für einen Wert.

Mit ihrer Hilfe lassen sich Gesetzmäßigkeiten unabhängig vom jeweiligen Wert ausdrücken. Den variablen Größen werden dazu Variablennamen gegeben.

Der Variablenname läßt sich bei Datenverarbeitungsanlagen als symbolische Adresse der Speicherzelle auffassen, die zur Aufnahme des jeweiligen Zahlenwertes bereitsteht. Die Namensgebung für Variablen unterliegt in PASCAL bestimmten Regeln.

6.3.1 Variablennamen

Ein PASCAL-Variablenname wird gebildet:

- aus beliebig vielen Zeichen des PASCAL-Zeichenvorrats;
- das erste Zeichen muß ein Buchstabe sein;
- Sonderzeichen dürfen nicht verwendet werden;
- Leerzeichen dürfen nicht verwendet werden;
- unterschiedliche Namen müssen sich in den ersten 8 Zeichen unterscheiden;[1]
- Variablennamen müssen sich von Wortsymbolen (Schlüsselworten) der Programmiersprache PASCAL unterscheiden.

Beispiele für richtig und falsch gebildete Variablennamen:

- Richtig gebildete Variablennamen:

  A   PI MAI47   KONTO3   K2R   JAAHR   VOLUMENBERECHNUNG

-

Fehlerhaft gebildeter Variablenname	Fehler
KM/H	Sonderzeichen
14JULI	Kein Buchstabe am Anfang
SIN	SIN ist ein Wortsymbol der Programmiersprache PASCAL
KUGEL-VOLUMEN	Sonderzeichen
KONTO+8	Sonderzeichen

---

[1] Dies gilt für Standard PASCAL.

Namen dienen außer zur Bezeichnung von Variablen auch zur Kennzeichnung von Programmen, Funktionen, Dateien u. dgl. Hierfür gelten die gleichen Regeln wie zur Bildung von Variablennamen.

Variablennamen sind Symbole, die der Unterscheidung der Variablen voneinander dienen. Sie dürfen nur eindeutig verwendet werden.

Hinweise zur Benutzung von Variablennamen in Programmen:

- Die Verwendung sinnvoller Variablennamen kann ein Programm transparenter machen. Um z. B. die Geschwindigkeit aus einer gegebenen Strecke und einer gegebenen Zeit zu berechnen, könnte man schreiben:

$$X = Y/Z,$$

wobei / das Divisionszeichen in PASCAL darstellt. Verständlicher wird die Gleichung jedoch, wenn man die üblichen physikalischen Symbole verwendet, wie z. B.:

$$V = S/T$$

bzw. die Wortsymbole direkt oder abgekürzt verwendet, wie z. B.:

$$GESCHW = ENTF/ZEIT$$

- Physikalische Konstanten und Materialkonstanten weisen häufig eine große Stellenzahl auf. Treten diese Konstanten mehrfach im Programm auf und möchte man nicht auf die Genauigkeit (hohe Stellenzahl) verzichten, so kann man nach einer Zuordnung der Konstanten zu einem einfachen Variablennamen stets den Variablennamen im Programm verwenden (vgl. Kap. 8).

Beispiel:

PI: = 3.141592653589793

Anstelle der langen Ziffernfolge kann anschließend zur Berechnung von Durchmesser, Fläche, Volumen usw. die Variable PI eingesetzt werden.

Eine Konstantenvereinbarung im Vereinbarungsteil des Programmes kann hierzu ebenfalls benutzt werden (vgl. 7.2.2).

Wie schon erwähnt wurde, steht ein Variablenname stellvertretend für einen Wert. Dieser Wert kann eine ganze Zahl bzw. eine Dezimalzahl sein. Da beide Wertetypen in unterschiedlicher Weise in der DVA abgespeichert werden, muß den Variablen noch ein Typ zugeordnet werden. Dies geschieht im Vereinbarungsteil des Programmes, der später besprochen wird (vgl. Kap. 7.2.3).

6.3.2 Indizierte Variablen

Es ist vielfach sehr nützlich, wenn einer Variablen eine Folge von Werten zugeordnet werden kann.

Beispiel:

Aus Messungen liegen 100 Werte für Ströme und Spannungen vor. Die zugehörigen Leistungen sollen errechnet werden.

Folgende Tabelle wäre aufzustellen:

Strom	Spannung	Leistung
$i_1 \quad = 1A$	$u_1 \quad = 10V$	$p_1 \quad = ?$
$i_2 \quad = 2A$	$u_2 \quad = 20V$	$p_2 \quad = ?$
.	.	.
.	.	.
.	.	.
$i_{100} = 100A$	$u_{100} = 1000V$	$p_{100} = ?$

Aus dem Beispiel wird der Zweck der Indizierung deutlich:

Die Indizierung bietet die Möglichkeit, Variablen zu beziffern.

Zur Berechnung der Leistung wären folgende Gleichungen aufzustellen:

$$p_1 = i_1 \cdot u_1$$
$$p_2 = i_2 \cdot u_2$$
$$\vdots$$
$$p_{100} = i_{100} \cdot u_{100}$$

Wollte man die Ergebnisse mit Hilfe eines PASCAL-Programmes errechnen, so müßten diese 100 Gleichungen programmiert werden, obwohl sie sich nur in ihrem Index unterscheiden.

Eine einfachere Schreibweise ist möglich, wenn ein *variabler Index* benutzt wird. Dann würde sich der Schreibaufwand reduzieren auf

$$p_k = i_k \cdot u_k \quad \text{für} \quad k = 1,2 \ldots 100$$

Der variable Index k läuft in der Gleichung von 1 bis 100 mit der Schrittweite 1.

Diese Schreiberleichterung ist auch in PASCAL möglich. Allerdings ist die Kennzeichnung des Index durch Tieferstellen nicht möglich. Für PASCAL gelten andere Schreibregeln.

Die Schreibregeln, die in PASCAL bei einer Indizierung von Variablen zu beachten sind, lauten:

- **Die PASCAL-Regeln zur Bildung eines Variablennamens gelten auch für die Variablennamen indizierter Variablen uneingeschränkt weiter (vgl. Kap. 6.3.1).**

- **Der dem Variablennamen folgende Index muß in *eckige* Klammern gesetzt werden. Sind im Zeichenvorrat keine eckigen Klammern vorgesehen, so ist die „eckige Klammer auf" [zu ersetzen durch die Symbole (. und die „eckige Klammer zu"] durch die Symbole .).**

- **Die indizierte Variable darf mehrere Indizes besitzen. Die Indizes müssen innerhalb der eckigen Klammern stehen und durch Kommas voneinander getrennt werden.**

- **Der Index kann eine Zahl, eine Variable oder ein arithmetischer Ausdruck sein.**

- **Der Indexwert muß innerhalb der vereinbarten Grenzen liegen (vgl. Kap. 7.2.4).**
- **Der Indexwert muß dem bei der Vereinbarung der Konstanten festgelegten Typ entsprechen (vgl. Kap. 7.2.2).**

Beispiele für indizierte Variablen:

Mathematische Schreibweise	PASCAL	Erläuterung
t_{10}	T [1Ø]	Konstanter Index
b_i	B [I]	Variabler Index
$y_{k,i}$	Y [K, I]	Zwei variable Indizes
z_{n+1}	Z [N + 1]	Arithmetischer Ausdruck als Index
$x_{\frac{z}{y}+1}$	X [Z/Y + 1]	Arithmetischer Ausdruck als Index

6.3.3 Felder

Die Menge aller indizierten Variablen, die den gleichen Variablennamen und Variablentyp haben, werden als Feld bezeichnet.

Eine bestimmte Variable kann durch ihren Index innerhalb des Feldes angesprochen werden. Je nach Anzahl der Indizes unterscheidet man ein-, zwei- oder mehrdimensionale Felder.

Besteht ein Feld nur aus einer Zeile oder einer Spalte, so handelt es sich um ein eindimensionales Feld. Ein eindimensionales Feld wird auch kurz Liste oder Vektor genannt.

Beispiel eines eindimensionalen Feldes (Liste):

Mathematische Schreibweise	PASCAL	Beispiel für gespeicherte Stromwerte in Ampère
i_1	I [1]	1
i_2	I [2]	2
.	.	.
.	.	.
.	.	.
i_{100}	I [1ØØ]	1ØØ

Die indizierte Variable dient hier dazu, einen bestimmten Speicherplatz innerhalb einer Liste und den dazu gespeicherten Wert zu bezeichnen.

Ein zweidimensionales Feld besteht demgegenüber aus waagerechten Zeilen und senkrechten Spalten. Der erste Index gibt die Zeilennummer, der zweite die Spaltennummer an. Das zweidimensionale Feld wird daher auch vielfach Tabelle oder Matrix genannt.

Beispiel eines zweidimensionalen Feldes aus zwei Zeilen und zwei Spalten:

Mathematische Schreibweise	PASCAL
$a_{1,1}$ $a_{1,2}$ $a_{2,1}$ $a_{2,2}$	A [1,1] A [1,2] A [2,1] A [2,2]

Auch für Felder ist, ähnlich wie für einfache Variablen, der Typ zu vereinbaren. Dies geschieht ebenfalls im Vereinbarungsteil des Programmes, der später besprochen wird (vgl. Kap. 7.2.4).

6.4 Arithmetische Operationszeichen

Operationszeichen geben die auszuführende mathematische Operation an. Durch sie wird das Rechenwerk der DVA zu bestimmten Rechenschritten veranlaßt.

PASCAL kennt folgende arithmetische Operatoren:

Operation	PASCAL	Beispiel
Addition	+	A + B
Subtraktion	−	A − B
Multiplikation	*	A * B
Division	/	A / B
Ganzzahlige Division	DIV	A DIV B
Rest der ganzzahligen Division	MOD	A MOD B

Den *ganzzahligen Anteil* des Quotienten einer ganzzahligen Division (Division zweier ganzer Zahlen) erhält man mit Hilfe des *Operators DIV*. Der Rest, der sich bei der Division ergibt, wird nicht berücksichtigt.

Beispiel: 7 DIV 3 liefert den Wert 2.

Der Rest, der sich bei einer ganzzahligen Division ergibt, läßt sich mit Hilfe des Operators MOD (modulo) ermitteln.

Beispiel: 7 MOD 3 liefert den Wert 1.

Andere arithmetische Operationen wie z. B. das Wurzelziehen und das Logarithmieren, werden nicht durch derartige Sonderzeichen ausgedrückt, sondern mit Hilfe sogenannter Standardfunktionen, auf die im folgenden Abschnitt eingegangen wird.

6.5 Standardfunktionen

Um technisch-mathematische Probleme lösen zu können, werden gewisse Standardfunktionen, wie z. B. sin, cos, log usw. benötigt. Eine Reihe dieser Standardfunktionen liegen im Speicher einer DVA fest programmiert vor und können durch Nennung ihres Namens (Wortsymbol) aufgerufen und im Programm wie Variablen benutzt werden.

In PASCAL stehen standardmäßig folgende Funktionen zur Verfügung:

Übliche Schreibweise	Bedeutung	PASCAL
$\sqrt{x}$	Quadratwurzel	SQRT (X)
e^x	Exponentialfunktion	EXP (X)
$\ln x$	Natürl. Logarithmus	LN (X)
$\sin \alpha$	Sinus	SIN (A)
$\cos \alpha$	Cosinus	COS (A)
$\arctan \alpha$	Arcustangens	ARCTAN (A)
$|x|$	Absolutbetrag	ABS (X)
x^2	Quadrat	SQR (X)
$[x]$	Ganzzahliger Anteil	TRUNC (X)
	Runden	ROUND (X)

Auf den Namen der Standardfunktion folgt, durch runde Klammern getrennt, das Argument der Standardfunktion.

Das Argument der Standardfunktion darf aus beliebigen arithmetischen Ausdrücken, Variablen, Konstanten oder Standardfunktionen bestehen.

Beispiele für einfache Standardfunktionen:

Mathematische Schreibweise	PASCAL	Erläuterung
$\sqrt{5}$	SQRT (5)	Das Argument ist eine Konstante mit dem Wert 5
e^{λ}	EXP (L)	Das Argument ist eine Variable (L für LAMBDA)
$\ln (a + b)$	LN (A + B)	Das Argument ist ein arithmetischer Ausdruck
$\sqrt{\sqrt{x}}$	SQRT (SQRT (X))	Das Argument ist eine Standardfunktion
$e^{n\sqrt{y}}$	EXP (N*SQRT (Y))	Das Argument ist ein arithmetischer Ausdruck mit Standardfunktion
$\left|\dfrac{y}{x}\right|$	ABS (Y/X)	Das Argument ist ein arithmetischer Ausdruck

Einige Standardfunktionen sollen im folgenden noch etwas näher besprochen werden.

- Die **Quadratwurzel** ist nur für nichtnegative Werte definiert, da sich sonst imaginäre Werte ergeben.
- Der **natürliche Logarithmus** ist ebenfalls nur für positive Werte definiert.
- Bei den **Winkelfunktionen**, wie sin, cos usw., muß man beachten, daß das Argument im **Bogenmaß** eingesetzt wird und *keinesfalls* im **Gradmaß**.

Für die Umrechnung vom Gradmaß in das Bogenmaß gilt die Formel:

$$\text{Bogenmaß} = \frac{\pi}{180°} \cdot \text{Gradzahl} \quad \text{bzw.}$$

$$\text{Bogenmaß} = 0{,}017453 \cdot \text{Gradzahl}$$

Liegt nur das Gradmaß vor, muß es mit der konstanten Zahl 0,017453 multipliziert werden, um das Bogenmaß zu erhalten.

Beispiel:

Mathematische Schreibweise	PASCAL	Erläuterung
$\sin\dfrac{\alpha° \cdot \pi}{180°}$	SIN (A*∅.∅17453)	Eingabe von a (Variablenname A) im Gradmaß

● Den ganzzahligen Anteil von X erhält man mit Hilfe der *Standardfunktion* TRUNC (X).[1]

Beispiele:

PASCAL	Berücksichtigter Wert	Erläuterung
TRUNC (5.33)	5	Der Anteil des Wertes hinter dem
TRUNC (5.5)	5	Dezimalzeichen entfällt, unabhän-
TRUNC (5.88)	5	gig von seiner Größe.
TRUNC (– 5.33)	– 5	
TRUNC (– 5.88)	– 5	

● Den gerundeten Wert des Argumentes erhält man mit Hilfe der Standardfunktion ROUND (X).

Beispiele:

PASCAL	Berücksichtigter Wert	Erläuterung
ROUND (5.33)	5	Abrunden
ROUND (5.5)	6	Aufrunden
ROUND (5.88)	6	Aufrunden
ROUND (– 5.33)	– 5	Abrunden
ROUND (– 5.88)	– 6	Aufrunden

● Die Standardfunktionen sind so ausgewählt, daß sich andere mathematische Funktionen leicht durch sie ausdrücken lassen.

Beispiel:

Mathematische Schreibweise	PASCAL
ctgx	COS (X)/SIN (X)

---

[1] TRUNC ist eine Abkürzung für TRUNCATE (deutsch: abschneiden)

6.6 Zusammenfassung

Der PASCAL-Zeichen-Vorrat

Der in diesem Buch verwendete Zeichenvorrat von PASCAL umfaßt

- 26 Großbuchstaben (A bis Z)
- 10 Ziffern (Ø bis 9)
- 18 Sonderzeichen + − * / = , . ( ) : ; <> " {} [ ]
- 1 Leerzeichen ⊔

Aus dem PASCAL-Zeichenvorrat werden alle PASCAL-Sprachelemente gebildet.

Die PASCAL-Sprachelemente

Zu den PASCAL-Sprachelementen gehören insbesondere:

- Konstanten
- Variablen
- Funktionen
- Operationszeichen
- Ausdrücke
- Anweisungen

Konstanten

Eine Konstante ist eine unveränderliche Größe. Man unterscheidet folgende Arten von Konstanten:

- Ganze Zahlen
- Dezimalzahlen in Dezimalschreibweise
- Dezimalzahlen in Potenzschreibweise

Hier gelten folgende Schreibregeln:

- Ganze Zahlen (INTEGER-Zahlen)

  Ganze Zahlen werden in PASCAL-Programmen folgendermaßen geschrieben:

± Ziffernfolge

  Bei Dezimalzahlen (REAL-Zahlen) unterscheidet man die Dezimalschreibweise und die Zehnerexponentialschreibweise. Bei der Zehnerexponentialschreibweise läßt sich ferner die *wissenschaftliche* und die *normierte* Schreibweise unterscheiden.

- Dezimalzahlen in Dezimalschreibweise werden in PASCAL-Programmen folgendermaßen geschrieben:

± Ziffernfolge . Ziffernfolge

  Als Dezimalzeichen ist nur der Dezimalpunkt erlaubt.

- Dezimalzahlen in Zehnerexponentialschreibweise werden in PASCAL-Programmen folgendermaßen geschrieben:

± Ziffernfolge E ± Ziffernfolge

  bzw.

± Ziffernfolge . Ziffernfolge E ± Ziffernfolge

Im Gegensatz zur Mathematik *muß* vor dem Exponenten einer PASCAL-Konstanten mindestens eine Ziffer stehen.

Der Exponent muß immer eine ganze Zahl sein. Dezimalzahlen und Brüche sind nicht erlaubt.

— Dezimalzahlen in *wissenschaftlicher* Zehnerexponentialschreibweise haben folgenden prinzipiellen Aufbau:

> ± Ziffer . Ziffernfolge E ± Ziffernfolge

Der Dezimalpunkt in der Mantisse steht hinter der ersten Ziffer ungleich Null.

— Dezimalzahlen in *normierter* Zehnerexponentialschreibweise haben folgenden prinzipiellen Aufbau:

> ± ∅. Ziffernfolge E ± Ziffernfolge

Der Dezimalpunkt in der Mantisse steht hinter der ersten Null.

Die maximale Zahl der Ziffern in der Ziffernfolge ist abhängig vom jeweiligen Computer. Genaue Auskünfte geben die Herstellerhandbücher.

Variablen

Man unterscheidet in PASCAL u. a. folgende Variablen:

- Einfache Variablen
- Indizierte Variablen

Einfache Variablen

Eine Variable steht stellvertretend für einen Wert.

Den variablen Größen werden dazu symbolische Namen gegeben. Sie dienen der Unterscheidung der Variablen voneinander und dürfen daher nur eindeutig verwendet werden.

Ein PASCAL-Variablenname wird gebildet:

- aus beliebig vielen Zeichen des PASCAL-Zeichenvorrats;
- das erste Zeichen muß ein Buchstabe sein;
- Sonderzeichen dürfen nicht verwendet werden;
- Leerzeichen dürfen nicht verwendet werden;
- unterschiedliche Namen müssen sich in den ersten 8 Zeichen unterscheiden;
- Variablennamen müssen sich von Wortsymbolen (Schlüsselworten) der Programmiersprache PASCAL unterscheiden.

Indizierte Variablen

Die Indizierung bietet die Möglichkeit, Variablen zu beziffern. Bei der Indizierung in PASCAL sind folgende Regeln zu beachten:

- Der dem Variablennamen folgende Index muß in eckige Klammern gesetzt werden. Sind im Zeichenvorrat keine eckigen Klammern vorgesehen, so ist die „eckige Klammer auf" (Symbol: [) zu ersetzen durch die Symbole (. und die „eckige Klammer zu" (Symbol:]) durch .).

- Die PASCAL-Regeln zur Bildung eines Variablennamens gelten auch für die Variablennamen indizierter Variablen uneingeschränkt weiter.
- Die indizierte Variable darf mehrere Indizes besitzen. Die Indizes müssen innerhalb der eckigen Klammern stehen und durch Kommas voneinander getrennt werden.
- Der Index kann eine Zahl, eine Variable oder ein arithmetischer Ausdruck sein.

Arithmetische Operationszeichen

PASCAL kennt folgende arithmetische Operatoren:

Operation	PASCAL	Beispiel
Addition	+	A + B
Subtraktion	−	A − B
Multiplikation	*	A * B
Division	/	A / B
Ganzzahlige Division	DIV	A DIV B
Rest der ganzzahligen Division	MOD	A MOD B

Standardfunktionen

Um technisch-mathematische Probleme lösen zu können, werden gewisse Standardfunktionen, wie z. B. sin, cos, log usw. benötigt. Eine Reihe dieser Standardfunktionen liegen im Speicher einer DVA fest programmiert vor und können durch Nennung ihres Namens aufgerufen und im Programm wie Variablen benutzt werden.

In PASCAL stehen standardmäßig folgende Funktionen zur Verfügung:

Übliche Schreibweise	Bedeutung	PASCAL	
$\sqrt{x}$	Quadratwurzel	SQRT	(X)
e^x	Exponentialfunktion	EXP	(X)
$\ln x$	Natürl. Logarithmus	LN	(X)
$\sin \alpha$	Sinus	SIN	(A)
$\cos \alpha$	Cosinus	COS	(A)
$\arctan \alpha$	Arcustangens	ARCTAN	(A)
$|x|$	Absolutbetrag	ABS	(X)
x^2	Quadrat	SQR	(X)
$[x]$	Ganzzahliger Anteil	TRUNC	(X)
	Runden	ROUND	(X)

Auf den Namen der Standardfunktion folgt, durch runde Klammern getrennt, das Argument der Standardfunktion.

Das Argument der Standardfunktion darf aus beliebigen arithmetischen Ausdrücken, Variablen, Konstanten oder Standardfunktionen bestehen.

Bei den Winkelfunktionen, wie sin, cos usw. muß man beachten, daß das Argument im Bogenmaß eingesetzt wird und keinesfalls im Gradmaß.

6.7 Übungsaufgaben

Die Lösungen der Übungsaufgaben befinden sich in Kap. 14

Aufgabe 6.1

Sind folgende Schreibweisen für Konstanten zulässig? Geben Sie eine Begründung an,
wenn die Schreibweise nicht zulässig ist.

Nr.	PASCAL-Konstante	Ja	Nein	Begründung
1	13.3 E 99	0	0	
2	$-$ 1.33 E 99	0	0	
3	$\emptyset.\emptyset\emptyset$ 133 E $-$ 99	0	0	
4	+ 195	0	0	
5	1$\emptyset$.7 E 6.3	0	0	
6	1,234	0	0	
7	$- \emptyset$.1234 E $-$ 17	0	0	
8	$\frac{6}{7}$	0	0	

Aufgabe 6.2

Sind folgende Variablennamen zulässig?

Nr.	Variablenname	Ja	Nein	Begründung
1	C 1	0	0	
2	K 2R	0	0	
3	Q	0	0	
4	K/	0	0	
5	4 R	0	0	
6	A	0	0	
7	M 12	0	0	
8	A $\sqcup$ A	0	0	
9	π	0	0	
10	88	0	0	

Aufgabe 6.3

Drücken Sie die folgenden Funktionen durch PASCAL-Standardfunktionen aus:

Nr.	Funktionen in mathematischer Schreibweise	PASCAL
1	$\sqrt{118,5}$	
2	ln 10	
3	sin 3,289 (rad)	
4	cos 45°	
5	$|A - 15|$	
6	$\sqrt{\sin x}$	
7	$[\,|x + 1\,| + \emptyset,5\,]$	
8	$a^2 + e^{RT}$	

Aufgabe 6.4

Geben Sie für folgende indizierte Variablen die PASCAL-Schreibweise an und erläutern Sie sie!

Nr.	Mathematische Schreibweise	PASCAL	Erläuterung
1	a_4		
2	$x_{2,3}$		
3	y_{k1}		
4	$r_{i+3,5}$		
5	x_{y2}		
6	$c_4 \cdot M,\ G_{M,N}$		

7 Der PASCAL-Vereinbarungsteil

Bisher wurden nur einzelne *Sprachelemente* wie Zahlen, Variablen usw. besprochen. Sie lassen sich mit *Worten* der Umgangssprache vergleichen. Allein genommen ergeben sie noch keinen Sinn. Erst im Satz erhält das einzelne Wort seinen Sinn. Dies ist auch bei einer Programmiersprache so. Aus den einzelnen Sprachelementen müssen Programm-*sätze* gebildet werden, die eine DVA versteht. Das Programm besteht dann seinerseits aus einer Folge von Sätzen.

Ziel der folgenden Abschnitte ist es, die zum Programmieren notwendigen Satzformen kennenzulernen. Dabei sind prinzipiell zwei Programmsätze zu unterscheiden:

- Anweisungen und
- Vereinbarungen.

Anweisungen bewirken, daß die DVA Operationen ausführt, die dem Fortgang der Rechnung dienen.

Vereinbarungen bewirken, daß die DVA Zusatzinformationen erhält, die sie zur richtigen Ausführung der Anweisungen benötigt.

Das PASCAL-Programm besteht daher aus einem *Vereinbarungsteil*, gefolgt von einem *Anweisungsteil* (vgl. Kap. 5.1.1). Zunächst soll der Vereinbarungsteil näher besprochen werden.

Der Vereinbarungsteil besteht aus dem

- Programmkopf und dem darauf folgenden
- Vereinbarungsblock

7.1 Der Programmkopf

Der Programmkopf ist die erste Programmzeile. Er hat folgende allgemeine Form:

PROGRAM Programmname (INPUT, OUTPUT);

Auf das Wortsymbol PROGRAM folgt ein Programmname, der für das gesamte Programm vereinbart wird. Er wird nach den gleichen Regeln gebildet, wie ein Variablenname (vgl. Kap. 6.3.1). Ansonsten ist der Programmierer in der Wahl des Namens frei.

Mit Hilfe unterschiedlicher Programmnamen lassen sich Programme voneinander unterscheiden.

INPUT und OUTPUT geben Dateien an, in die Daten eingelesen (INPUT) bzw. von denen Daten ausgelesen (OUTPUT) werden.

Werden *nur* Daten aus Dateien ausgelesen, entfällt das Wortsymbol INPUT, sowie das trennende Komma.

Der Programmkopf wird durch ein Semikolon abgeschlossen.

Zwischen dem Wortsymbol PROGRAM und dem Programmnamen muß ein Leerzeichen stehen.

Beispiele:

Programmkopf	Programmname
PROGRAM KREIS (INPUT, OUTPUT);	Kreis
PROGRAM DREIECK (INPUT, OUTPUT);	Dreieck
PROGRAM KALENDER (INPUT, OUTPUT);	Kalender

7.2 Der Vereinbarungsblock

Der Vereinbarungsblock enthält in folgender Reihenfolge die Vereinbarungen für:

- Anweisungsnummern;
- Konstanten;
- Variablen;
- Felder.[1])

Falls einige Vereinbarungen vom Programm her nicht benötigt werden, kann der betreffende Vereinbarungsteil entfallen.

7.2.1 Anweisungsnummernvereinbarungsteil

Anweisungsnummern werden als Sprungziel bei Sprunganweisungen benötigt (vgl. Kap. 10.2). Die verwendeten Anweisungsnummern müssen vorher im Programm vereinbart werden. Der Anweisungsnummernvereinbarungsteil hat folgende allgemeine Form:

LABEL Liste der Anweisungsnummern;

Zwischen dem Wortsymbol LABEL und der ersten Anweisungsnummer muß ein Leerzeichen stehen.

Die einzelnen Anweisungsnummern in der Anweisungsnummernliste müssen durch Kommas voneinander getrennt werden.

Die Anweisungsnummern müssen ganze Zahlen ohne jegliches Vorzeichen sein.

Die Anweisungsnummern dürfen im allgemeinen höchstens aus 4 Ziffern bestehen.

Der Anweisungsnummernvereinbarungsteil wird durch ein Semikolon abgeschlossen.

Beispiel:

    LABEL 8,20;

---

[1]) PASCAL besitzt noch weitere Vereinbarungsteile, die jedoch im Rahmen dieses Buches nicht besprochen werden.

7.2.2 Konstantenvereinbarungsteil

Mit Hilfe der Konstantenvereinbarung können Konstanten durch einen leicht merkbaren,
kürzeren Namen ersetzt werden. Dadurch wird das Programm übersichtlicher. Ferner wird
der Schreibaufwand verringert, wenn die Konstante häufig benutzt wird. Außerdem lassen
sich die Zahlenwerte verändern, ohne später größere Teile des Programms ebenfalls ändern
zu müssen.

Die allgemeine Form des Konstantenvereinbarungsteiles ist:

> CONST Konstantendefinitionsliste;

**wobei sich die Konstantendefinition für jeweils eine Konstante in der Konstantendefini-
tionsliste wie folgt ergibt:**

> Konstantenname = Konstante;

**Das Wortsymbol CONST ist durch ein Leerzeichen von der Konstantendefinitionsliste zu
trennen.**

**Die einzelnen Elemente der Konstantendefinitionsliste sind durch ein Semikolon (;) zu
trennen. Das letzte Element schließt ebenfalls mit einem Semikolon.**

Beispiel:

```
CONST PI =  3.1415926;
CONST A =  1Ø; B = 2Ø; C = Ø;
CONST MICRO =  1 E − 6;
```

7.2.3 Variablenvereinbarungsteil

Variable stehen stellvertretend für einen Wert (vgl. Kap. 6.3). Die Werte können ganze Zah-
len, auch *INTEGER-Zahlen* genannt, oder Dezimalzahlen, auch *REAL-Zahlen* genannt, sein.
Da beide Wertetypen in unterschiedlicher Weise in der DVA gespeichert werden, muß den
Variablen der *TYP* zugeordnet werden, für den die Variable stellvertretend steht.[1] Diese
Typzuordnung stellt die Vereinbarung für alle im Programm vorkommenden Variablen-
namen dar.

Die allgemeine Form des Variablenvereinbarungsteiles ist:

> VAR Liste der REAL-Variablen: REAL;
>   Liste der INTEGER-Variablen: INTEGER;

- Das Wortsymbol VAR kennzeichnet den Beginn des Variablenvereinbarungsteiles.
- Es folgen, getrennt durch ein Leerzeichen, die Variablenlisten für die Variablentypen
  REAL und INTEGER.
- Die Variablen der jeweiligen Variablenliste sind durch Kommas voneinander zu trennen.
- Das Ende der Variablenliste wird durch einen Doppelpunkt markiert.
- Auf den Doppelpunkt folgt die Angabe des jeweiligen Variablentyps (REAL, INTEGER).

---

[1] Weitere Variablentypen wie z. B. Boolesche Variable und Stringvariable werden in dieser einführen-
den Betrachtung nicht berücksichtigt. Daher wird auch nicht auf die zugehörigen Typvereinbarungen
eingegangen.

- Das Ende der Vereinbarung für jeden Variablen*typ* wird durch ein Semikolon gekennzeichnet.
- Für einen bestimmten Variablennamen darf nur *ein* Variablentyp vereinbart werden.
- Falls weitere Variablentypen vorkommen, sind diese entsprechend zu vereinbaren und den obigen Vereinbarungen anzufügen.
- Falls ein Variablentyp nicht vorkommt, entfällt die zugehörige Vereinbarung.

Beispiele:

```
VAR MIN, MAX: REAL;
VAR NEU, ALT: INTEGER;
VAR A, B, C: REAL;
    D, E, F: INTEGER;
```

7.2.4 Feldvereinbarung

Es müssen für jedes Feld (vgl. Kap. 6.3.3) so viele Speicherplätze bereitgestellt werden, wie Feldkomponenten vorhanden sind. Weiterhin ist der Typ der Feldvariablen zu vereinbaren.

Die Feldvereinbarung dient dazu,

- **genügend Speicherplätze für die Felder des Programms vorzusehen und**
- **den Typ der Feldvariablen festzulegen.**

Die Feldvereinbarung ist *Teil* der Variablenvereinbarung. Sind im Variablenvereinbarungsteil (vgl. 7.2.3) alle einfachen Variablen vereinbart worden, schließen sich die Vereinbarungen für die Feldvariablen an.

Für eindimensionale Felder ist die allgemeine Form der Feldvereinbarung für eine Feldvariable:

Feldvariablenname: ARRAY [Konstante 1 .. Konstante 2] OF Variablentyp;

- Der Feldvariablenname bezeichnet das gesamte Feld.
- Haben mehrere Feldvariablen die gleiche Indizierung, kann man sie in einer *Liste* der Feldvariablennamen zusammenfassen. Die einzelnen Feldvariablennamen sind dann durch Kommas zu trennen.
- Der Feldvariablenname bzw. die Liste der Feldvariablennamen wird, wie bei der Variablenvereinbarung, durch einen Doppelpunkt abgeschlossen.
- Das Wortsymbol ARRAY gibt an, daß es sich hier nicht um einfache Variablen, sondern um ganze Felder handelt.
- In den eckigen Klammern nach dem Wortsymbol ARRAY stehen die Grenzwerte der Indizierung. Die Konstante 1 gibt die untere Grenze des Index an, die Konstante 2 die obere Grenze.

  Die zwei Punkte zwischen den Konstanten geben symbolisch an, daß alle ganzzahligen Zwischenwerte innerhalb der angegebenen Grenzen angenommen werden sollen.

  Die untere Indexgrenze muß immer kleiner als die obere Indexgrenze sein.

  Die Indexgrenzen müssen Konstante sein. Variable oder arithmetische Ausdrücke sind als Indexgrenzen nicht erlaubt. Wählt man dennoch als Grenze einen Variablennamen, so muß dieser in einer Konstantenvereinbarung als Konstante vereinbart worden sein.

- Das Wortsymbol OF mit dem nachfolgenden Variablentyp (z. B. REAL, INTEGER) legt den Typ der Werte der einzelnen Feldelemente fest.
- Ein Semikolon schließt die Feldvereinbarung ab.
- Sind mehrere Felder mit unterschiedlicher Indizierung zu vereinbaren, so wird ein Feld nach dem anderen vereinbart.
- Wenn keine Variablen zu vereinbaren sind, sondern nur Felder, so steht vor dem ersten Feldvariablennamen das Wortsymbol VAR, wie bei der Variablenvereinbarung.
- Als Indizes können nicht nur ganze Zahlen, sondern auch Zeichen verwendet werden. Die Zeichen, die die untere bzw. obere Grenze bilden, sind in Anführungszeichen zu setzen.

Beispiel:

Feldvereinbarung	Erläuterung

VAR MIN, MAX: REAL;
    A: ARRAY [$\emptyset$.. 1$\emptyset$] OF INTEGER;
    B, C: ARRAY [1..5] OF REAL;
	Die Variablen mit den Namen MIN und MAX werden als REAL-Variable vereinbart.
	Das Feld mit dem Feldnamen A besteht aus 11 Elementen (A_0 ... A_{10}) und ist vom Typ IN-TEGER.
	Die Felder mit den Namen B und C unterscheiden sich in der Indizierung vom Feld A und werden gesondert vereinbart. Sie bestehen aus jeweils 5 Elementen (B_1 ... B_5 und C_1 ... C_5) und sind vom Typ REAL.

CONST N = 1$\emptyset$;
VAR MIN, MAX: REAL;
    A: ARRAY [$\emptyset$.. N] OF INTEGER;
    B, C: ARRAY [1..5] OF REAL;
	Diese Feldvereinbarung entspricht der obigen. Für die obere Grenze des Index wurde jedoch ein Variablenname angegeben. Dieser Variablenname *muß* vorher in einer Konstantenvereinbarung vereinbart werden.

VAR A: ARRAY [$\emptyset$..1$\emptyset$] OF INTEGER; B, C: ARRAY [1..5] OF REAL;	Sind keine Variablen zu vereinbaren, sondern nur Felder, so steht das Wortsymbol VAR vor dem ersten Feldnamen.
VAR A: ARRAY ["A".."Z"] OF INTEGER;	Als Indizes werden hier die Buchstaben von A bis Z verwendet. Die Zeichen, die die untere bzw. obere Grenze bilden, sind mit Anführungszeichen zu versehen.
VAR A: ARRAY [$-1\emptyset$..$+1\emptyset$] OF REAL;	Als Indizes können auch negative Konstanten benutzt werden.

Für zweidimensionale Felder ist die allgemeine Form der Feldvereinbarung:

Feldvariablenname: ARRAY [K 1 .. K 2, K 3 .. K 4] OF Variablentyp;

K 1 = Konstante 1 gibt die untere Grenze des ersten Index an;

K 2 = Konstante 2 gibt die obere Grenze des ersten Index an;

K 3 = Konstante 3 gibt die untere Grenze des zweiten Index an;

K 4 = Konstante 4 gibt die obere Grenze des zweiten Index an.

Beispiele:

Feldvereinbarung	Erläuterung
CONST N = 10; VAR A: ARRAY [1..N, 1..N] OF INTEGER;	Die obere Grenze der Feldvereinbarung ist eine Variable. Sie ist für beide Indizes gleich groß. Die Variable wird in einer Konstantenvereinbarung vorher vereinbart. Es ergibt sich eine quadratische Matrix mit 10 Zeilen und 10 Spalten.
CONST N = 10; M = 15; VAR A: ARRAY [1..N, 1..M] OF REAL;	Diese Feldvereinbarung entspricht der oberen Feldvereinbarung, mit den Unterschieden, daß ● die obere Grenze des zweiten Index M = 15 ist und ● die Werte der Feldelemente vom Typ REAL sind.
VAR A, B: ARRAY ["A".."Z", "A" .. "Z"] OF REAL;	Die Variablen A und B sind zweidimensionale Felder. Für beide Variablen werden Buchstaben als Indizes verwendet. Die untere Grenze für beide Variablen ist A, die obere Grenze Z.

Für mehrdimensionale Felder ändert sich die allgemeine Form der Feldvereinbarung nur in der Angabe des Indexbereiches. Für alle Indizes des mehrdimensionalen Feldes müssen der Reihe nach untere und obere Grenzen angegeben werden. Jede Indexbereichsangabe ist von der folgenden durch ein Komma abzutrennen.

Beispiel für ein dreidimensionales Feld:
VAR A: ARRAY [1..10, 1..10, 1..10] OF REAL;

7.3 Zusammenfassung

> Das PASCAL-Programm besteht aus einem Vereinbarungsteil, gefolgt von einem Anweisungsteil.
>
> *Anweisungen* bewirken, daß die DVA Operationen ausführt, die dem Fortgang der Rechnung dienen.
>
> *Vereinbarungen* bewirken, daß die DVA Zusatzinformationen erhält, die sie zur richtigen Ausführung der Anweisungen benötigt.
>
> Der *Vereinbarungsteil* besteht aus dem *Programmkopf* und dem darauf folgenden *Vereinbarungsblock*.
>
> Der Programmkopf ist die erste Programmzeile. Er hat folgende allgemeine Form:
>
> > *PROGRAM* Programmname (*INPUT, OUTPUT*);
>
> Mit Hilfe unterschiedlicher Programmnamen lassen sich Programme voneinander unterscheiden.

Der Programmname wird gebildet wie ein Variablenname.

Zwischen dem Wortsymbol PROGRAM und dem Programmnamen muß ein Leerzeichen stehen.

INPUT und OUTPUT geben Dateien an, in die Daten eingelesen (INPUT) bzw. von denen Daten ausgelesen (OUTPUT) werden.

Der Programmkopf wird durch ein Semikolon abgeschlossen.

Der Vereinbarungsblock enthält die Vereinbarungen für:

- Anweisungsnummern
- Konstanten
- Variablen
- Felder

Der Anweisungsnummernvereinbarungsteil

Die allgemeine Form des Anweisungsnummernvereinbarungsteiles ist:

> LABEL   Liste der Anweisungsnummern;

Die einzelnen Anweisungsnummern sind ganze Zahlen ohne Vorzeichen. Sie müssen durch Kommas voneinander getrennt werden.

Der Konstantenvereinbarungsteil

Die allgemeine Form des Konstantenvereinbarungsteiles ist:

> CONST   Konstantendefinitionsliste;

wobei sich die Konstantendefinition für jeweils eine Konstante in der Konstantendefinitionsliste wie folgt ergibt:

> Konstantenname = Konstante;

Das Wortsymbol CONST ist durch ein Leerzeichen von der Konstantendefinitionsliste zu trennen. Die einzelnen Elemente der Konstantendefinitionsliste sind durch ein Semikolon (;) zu trennen. Das letzte Element schließt ebenfalls mit einem Semikolon.

Der Variablenvereinbarungsteil

Die allgemeine Form des Variablenvereinbarungsteiles ist:

> VAR Liste der REAL-Variablen: REAL;
>   Liste der INTEGER-Variablen: INTEGER;

Die einzelnen Variablen der Variablenliste sind durch Kommas zu trennen.

Der Feldvereinbarungsteil

Die Feldvereinbarung dient dazu,

- genügend Speicherplätze für die Felder des Programms vorzusehen und
- den Typ der Feldvariablen festzulegen.

Der Feldvereinbarungsteil ist Teil der Variablenvereinbarung. Die Feldvereinbarungen schließen sich an die Vereinbarungen für einfache Variablen an.

Für eindimensionale Felder ist die allgemeine Form der Feldvereinbarung für eine Feldvariable:

> Feldvariablenname: **ARRAY** [Konstante 1 .. Konstante 2] **OF** Variablentyp;

Für zweidimensionale Felder ist die allgemeine Form der Feldvereinbarung:

> Feldvariablenname: ARRAY [K 1 .. K 2, K 3 .. K 4] OF Variablentyp;

Für mehrdimensionale Felder ändert sich die allgemeine Form der Feldvereinbarung nur in der Angabe des Indexbereiches. Für alle Indizes des mehrdimensionalen Feldes müssen der Reihe nach untere und obere Grenzen angegeben werden. Jede Indexbereichsangabe ist von der folgenden durch ein Komma abzutrennen.

7.4 Übungsaufgaben

Die Lösungen der Übungsaufgaben befinden sich in Kap. 14.

Aufgabe 7.1

Sind folgende Schreibweisen für den Programmkopf zulässig? Geben Sie eine Begründung an, wenn die Schreibweise nicht zulässig ist.

Nr.	PASCAL-Programmkopf	Ja	Nein	Begründung
1	PROGRAM KREIS (INPUT, OUTPUT);	0	0	
2	PROGRAM RECHTECK (OUTPUT);	0	0	
3	PROGRAM DREIECK (INPUT);	0	0	
4	PROGRAM HAUS BAU (INPUT, OUTPUT);	0	0	
5	PROGRAM FLAECHE (INPUT/OUTPUT);	0	0	

Aufgabe 7.2

Geben Sie die Konstantenvereinbarung für folgende Konstanten an:

1. Allg. Gaskonstante R = 8314 Nm/grad kmol und Molvolumen idealer Gase
   V_0 = 22,4 m^3/kmol
2. Elektrische Ladung e = $1,6 \cdot 10^{-19}$ C, Elektrische Feldkonstante
   ϵ_0 = $8,854 \cdot 10^{-12}$ Asec/Vm
3. 1 Seemeile = 1852 m, 1 Knoten = 0,5144 m/sec

Aufgabe 7.3

Geben Sie die Variablenvereinbarungen für folgende Variablen an:

1. KREIS und FLAECHE als Dezimalzahl, RADIUS als ganze Zahl
2. PRIMZAHL als ganze Zahl
3. e und ϵ_0 als Dezimalzahl

Aufgabe 7.4

Nr.	Aufgabe
1	Geben Sie die Feldvereinbarung für ein eindimensionales Feld mit der Feldvariablen F vom Typ REAL für 15 Elemente an.
2	Geben Sie die Feldvereinbarung für ein zweidimensionales Feld mit der Feldvariablen Q vom Typ REAL mit 15 Zeilen und Spalten sowie ein weiteres eindimensionales Feld mit der Feldvariablen V vom Typ INTEGER mit 10 Elementen an.

8 Die arithmetische Zuordnungsanweisung

8.1 Der arithmetische Ausdruck

Der arithmetische Ausdruck ist, wie noch ausführlich gezeigt wird, Teil der arithmetischen Zuordnungsanweisung. Er besteht aus Konstanten, Variablen und Standardfunktionen, die mit Hilfe von arithmetischen Operatoren verknüpft werden (vgl. Bild 6.1 in Kap. 6.1).

Beispiele für arithmetische Ausdrücke:

Mathematische Schreibweise	PASCAL
$x - y$	X – Y
2 a	2 * A

Arithmetische Ausdrücke stellen Vorschriften zur Berechnung von Zahlenwerten dar.
Bei dem Aufbau komplizierter arithmetischer Ausdrücke ist es wichtig, einige Regel zu beachten. Sie sollen in den folgenden Abschnitten angegeben und erläutert werden.

8.2 Die Rangordnung arithmetischer Operatoren

In der Mathematik werden die einzelnen arithmetischen Rechenoperationen nach einer festen Rangordnung abgearbeitet. Die Rangordnung findet Ausdruck in der bekannten Regel:

Punktrechnung vor Strichrechnung.

Da PASCAL eine mathematisch-naturwissenschaftlich orientierte Programmiersprache ist, gilt auch für sie die in der Mathematik gebräuchliche Rangfolge.

Für die Rangordnung arithmetischer Operatoren gilt:

Punktrechnung vor Strichrechnung

Rang 1: * und / (Multiplikation und Division), sowie DIV und MOD (vgl. Kap. 6.4)
Rang 2: + und – (Addition und Subtraktion)

Stehen mehrere arithmetische Operatoren verschiedenen Ranges in einer Anweisung, so werden die Verknüpfungen entsprechend ihrer Rangfolge abgearbeitet.

Beispiele für die Behandlung arithmetischer Operatoren verschiedenen Ranges in arithmetischen Ausdrücken:

Arithmetischer Ausdruck	Erläuterung

B + C * D
    1.
    2.
	Die Rechenvorschrift wird schrittweise abgearbeitet:
	
	1. Schritt:
	Die ranghöchste Rechenoperation wird ausgeführt. Dies ist in diesem Beispiel die Multiplikation von C und D.
	2. Schritt:
	Dann wird die nächst ranghöhere Rechenoperation ausgeführt. Das Ergebnis aus dem 1. Rechenschritt wird zu B addiert.

B/C − D 1. 2.	Die Rechenvorschrift wird schrittweise abgearbeitet: 1. Schritt: Die ranghöchste Rechenoperation B/C wird zuerst ausgeführt. 2. Schritt: Die nächst ranghöhere Rechenoperation wird ausgeführt, d. h. vom Ergebnis des 1. Schrittes wird D subtrahiert.

In arithmetischen Ausdrücken stehen jedoch nicht nur Operatoren mit unterschiedlichen Rängen.

Stehen mehrere gleichrangige arithmetische Operatoren in einem arithmetischen Ausdruck, so werden sie in der Reihenfolge von links nach rechts behandelt.

Beispiele für die Behandlung arithmetischer Operatoren gleichen Ranges in arithmetischen Ausdrücken:

Arithmetischer Ausdruck	Erläuterung
B * C + D * E 1. 2. 3.	Die Rechenvorschrift wird in folgenden Schritten abgearbeitet: 1. Schritt: Die ranghöchste Rechenoperation, hier die Multiplikation, soll der Rangfolge entsprechend zuerst ausgeführt werden. Da jedoch zwei Rechenoperationen von gleichem Rang vorhanden sind, wird die am weitesten links stehende Rechenoperation, d. h. das Produkt von B und C, zuerst ausgeführt. 2. Schritt: Die verbliebene Rechenoperation vom gleichen Rang, das Produkt von D und E, wird als nächstes ausgeführt. 3. Schritt: Die beiden gewonnenen Produkte werden addiert.

B + C − D * E / F
    1.
     2.
  3.
    4.
	Die Rechenvorschrift wird in folgenden Schritten abgearbeitet.
	1. Schritt:
	Die erste Rechenoperation, die ausgeführt wird, ist die Multiplikation von D und E.
	2. Schritt:
	Die nächste Rechenoperation ist die Division des im ersten Schritt gewonnenen Ergebnisses durch F.
	3. Schritt:
	Die nächste Rechenoperation ist die Addition von B und C.
	4. Schritt:
	Die nächste Rechenoperation ist die Subtraktion des im zweiten Schritt gewonnenen Ergebnisses von dem im dritten Schritt gewonnenen Ergebnis.

Bei der Übertragung der mathematischen Schreibweise arithmetischer Ausdrücke in die zugehörige PASCAL-Schreibweise ist insbesondere darauf zu achten, daß der Multiplikationsoperator, der in der mathematischen Schreibweise vielfach fortgelassen wird, geschrieben werden muß.

Der Multiplikationsoperator darf in arithmetischen PASCAL-Ausdrücken nicht fortgelassen werden.

Beispiel:

Mathematische Schreibweise	PASCAL-Schreibweise
$\dfrac{bc}{de}$	B * C/D/E

8.3 Klammerausdrücke

Klammerausdrücke werden in der Mathematik benötigt, wenn eine andere Reihenfolge ausgeführt werden soll als durch die Rangfolge der Operatoren vorgegeben ist. Bei PASCAL gelten die aus der Mathematik bekannten Klammerregeln.

Klammerausdrücke haben vor den arithmetischen Operatoren Vorrang.

Innere Klammerausdrücke haben Vorrang vor den äußeren Klammerausdrücken.

Gleichrangige Klammerausdrücke werden von links nach rechts behandelt.

Beispiele für Klammerausdrücke:

Arithmetischer Ausdruck	Erläuterung
(V * S + R) * H 1. 2. 3.	Die Rechenvorschrift wird in folgenden Schritten abgearbeitet: 1. Schritt: Die Berechnung der Klammer hat Vorrang. Innerhalb der Klammer gilt die Rangordnung der Operatoren. Die erste Rechenoperation ist daher die Multiplikation von V und S. 2. Schritt: Die zweite Rechenoperation ist die Addition von R zum Ergebnis, welches im ersten Schritt gewonnen wurde. 3. Schritt: In einem dritten Rechenschritt wird das Ergebnis des zweiten Rechenschritts mit dem Wert von H multipliziert.
A * ((B + E) * D − F) 1. 2. 3. 4.	Bei diesem Beispiel ist insbesondere die Regel „innere Klammer vor äußerer Klammer" zu beachten. Die unter der Gleichung angeordneten Klammern zeigen die Reihenfolge der Bearbeitungsschritte.
A * (B + S) − D/(P + Q) 1. 2. 3. 4. 5.	Bei diesem Beispiel ist insbesondere die Regel „gleichrangige Klammerausdrücke werden von links nach rechts behandelt" zu beachten. Die unter der Gleichung angeordneten Klammern zeigen die Reihenfolge der Bearbeitungsschritte an.

8.4 Arithmetische Ausdrücke mit Standardfunktionen

**Standardfunktionen haben Vorrang vor Klammerausdrücken und arithmetischen Operatoren.
Es ergibt sich insgesamt folgende Rangfolge:**

Rang 1: Standardfunktionen
Rang 2: Klammerausdrücke
Rang 3: Multiplikation und Division
Rang 4: Addition und Subtraktion

Beispiele für Ausdrücke mit Standardfunktionen:

Arithmetischer Ausdruck	Erläuterung

A + B * C/SQRT (D)
   2.   1.
     3.
      4.
	Die Rechenvorschrift wird in folgenden Schritten abgearbeitet:
	1. Schritt:
	Die Berechnung der Standardfunktion hat Vorrang.
	2. Schritt:
	In dem Ausdruck befinden sich 2 Operatoren vom nächst höheren Rang. Es wird zunächst der weiter links stehende Ausdruck (B * C) bearbeitet.
	3. Schritt:
	Anschließend wird der weiter rechts stehende Operand / gleichen Ranges berücksichtigt.
	4. Schritt:
	Zuletzt wird der Operand + mit dem niedrigsten Rang bearbeitet.

A − B/(C * SQRT (D))
     1.
   2.
  3.
 4.
	Die unter der Gleichung angeordneten Klammern zeigen die Reihenfolge der Bearbeitungsschritte an.

8.5 Vorzeichen

Es kommt häufig vor, daß Operationszeichen und Vorzeichen direkt aufeinander folgen.
Der Compiler kann diesen Unterschied jedoch nicht erkennen. Für ihn folgen zwei arithmetische Operatoren aufeinander, von denen er nicht weiß, welche dieser Operationen ausgeführt werden soll. Aus diesem Grunde ist es in arithmetischen PASCAL-Ausdrücken nicht erlaubt, daß zwei arithmetische Operatoren *unmittelbar* aufeinander folgen.

Zwei arithmetische Operatoren dürfen nie unmittelbar aufeinander folgen.

Die vorzeichenbehaftete Variable ist daher stets in Klammern einzuschließen.

Beispiele für vorzeichenbehaftete Variable:

A = B * (− C) ist erlaubt;	A = B * − C ist verboten
I = A − (+ B) ist erlaubt;	I = A − + B ist verboten

8.6 Die allgemeine Form der arithmetischen Zuordnungsanweisung (Ergibtanweisung)

Die arithmetische Zuordnungsanweisung hat die allgemeine Form:

Variable: = arithmetischer Ausdruck

Die Zeichen : = werden vom Compiler als Zuordnungsoperator (Ergibt-Zeichen)[1]) interpretiert, d. h. daß der Wert des arithmetischen Ausdrucks, der nach den soeben besproche-
nen arithmetischen Regeln ausgewertet wurde, einer Variablen zugeordnet wird.

Damit die Zuordnung vom Compiler stets richtig getroffen werden kann, steht der arithmetische Ausdruck, aus dem der Wert der Variablen ermittelt wird, auf der rechten Seite
des Ergibt-Zeichens, während die Variable, der der Wert des arithmetischen Ausdrucks
zugewiesen wird, stets auf der linken Seite des Ergibtzeichens steht.

Der Wert der linksstehenden Variablen *ergibt* **sich aus dem Wert des rechtsstehenden
arithmetischen Ausdrucks oder anders ausgedrückt:**

Der Wert des rechtsstehenden arithmetischen Ausdrucks wird der linksstehenden Variablen
zugeordnet.

Beispiele für arithmetische Zuordnungsanweisen:

Arithmetische Zuordnungsanweisung	Erläuterung
P: = 3.14	Der Variablen mit dem Variablennamen P wird der Zahlenwert 3.14 zugeordnet. Technisch gesehen spielt sich folgender Vorgang bei der Zuordnung ab: In dem für die Variable P bereitgehaltenen Speicherplatz der DVA wird durch diese Zuordnung der Zahlenwert 3.14 abgespeichert.
X: = Z * Y	Der Variablen mit dem Variablennamen X wird der Wert des Pro-duktes der Variablen Z und Y zugeordnet. Technisch gesehen spielt sich folgender Vorgang bei der Zuordnung ab: Der Wert der Variablen Z wird mit dem Wert der Variablen Y mul-tipliziert und das Ergebnis in dem für die Variable X bereitgehalte-nen Speicherplatz der DVA abgespeichert.

Die arithmetische Zuordnungsanweisung hat eine reine Zuordnungsfunktion. Das Ergibt-
Zeichen stellt keine Gleichheit im Sinne der Mathematik dar. Dies verdeutlicht das folgende
Beispiel:

---

[1]) Der Zuordnungsoperator : = darf nicht mit dem Vergleichsoperator = verwechselt werden (vgl.
Kap. 10.3).

Arithmetische Zuordnungsanweisung	Erläuterung
I: = I + 1	Diese arithmetische Zuordnungsanweisung bewirkt, daß der Wert der Variablen mit dem Variablennamen I um 1 erhöht wird. Technisch spielt sich folgender Vorgang bei der Zuordnung ab: Der Wert der Variablen I, der in der Speicherzelle mit der symbolischen Adresse I enthalten ist, wird um 1 erhöht. Der sich daraus ergebende Wert wird nun in dem Speicherplatz der Variablen I der DVA abgespeichert. Der ursprüngliche Wert der Variablen I wird bei diesem Vorgang überschrieben. Dieses Beispiel zeigt deutlich den Unterschied zwischen einer arithmetischen Zuordnungsanweisung und einer Gleichung. Die Form I = I + 1 ist als Gleichung sinnlos.

Mathematische Gleichungen, die nicht in der Form

> **Variable: = arithmetischer Ausdruck**

vorliegen, müssen vorher entsprechend umgeformt werden.

Beispiel:

Mathematische Gleichung	Umformung	PASCAL
$\frac{1}{x} = \frac{1}{y} + \frac{1}{z}$	$x = \dfrac{1}{\frac{1}{y} + \frac{1}{z}}$	X: = 1/((1/Y) + (1/Z))

8.7 Die Typzuordnung bei arithmetischen Zuordnungsanweisungen

Bei jeder Zuweisung muß der Typ des Wertes, der sich aus dem arithmetischen Ausdruck ergibt, mit dem Typ der zugeordneten Variablen übereinstimmen (vgl.: Typvereinbarung im Vereinbarungsteil eines Programmes (vgl. Kap. 7.2.3).

Da ein Programmierer vielfach nicht weiß, welche Werte die Variable links vom Ergibt-Zeichen annehmen kann, da dies wiederum von den Werten des arithmetischen Ausdrucks abhängt, gelten folgende Regeln:

Eine Variable ist vom Typ INTEGER, wenn

- alle Glieder des arithmetischen Ausdrucks vom Typ INTEGER sind und

- nur folgende Rechenoperationen vorgenommen werden:

  + − * DIV MOD

- Kommen Standardfunktionen im arithmetischen Ausdruck vor, so liefern die Standardfunktionen

  ABS (X) und SQR (X)

INTEGER-Werte, wenn das Argument X ebenfalls ein INTEGER-Wert ist.

● Die Standardfunktionen

   TRUNC (X) und ROUND (X)

liefern auch INTEGER-Werte, wenn das Argument X vom Typ REAL ist.

Eine Variable ist vom Typ REAL, wenn

● nur ein Glied des arithmetischen Ausdrucks vom Typ REAL ist oder

● wenn im arithmetischen Ausdruck eine Division vorkommt oder

● wenn eine Standardfunktion vorkommt, die i. a. Werte vom Typ REAL liefert, wie

   SIN (X),   COS (X),   ARCTAN (X),   LN (X),   EXP (X),   SQRT (X),.

Das Argument kann in diesen Fällen vom Typ INTEGER oder REAL sein.
Die Standardfunktionen ABS (X) und SQR (X) liefern ebenfalls Werte vom Typ REAL,
wenn das Argument vom Typ REAL ist.

Beispiele zur Typzuordnung

Es sei I eine Variable vom Typ INTEGER und X eine Variable vom Typ REAL.

Falsche Typzuordnung	Richtige Typzuordnung
I := 3.6	I := 3
I := X	I := I + 1
I := I/3	I := I DIV 3
I := SQRT (I)	I := SQR (I)
I := LN (X)	I := ROUND (X)

Besondere Aufmerksamkeit erfordert die Zuordnung eines arithmetischen Ausdrucks zu
einer Variablen. Die Zuweisung eines REAL-Wertes zu einer INTEGER-Variablen ist
verboten.

Da die ganzen Zahlen (INTEGER–Zahlen) eine Teilmenge der reellen Zahlen (REAL-Zahlen) sind, ist eine Zuweisung eines INTEGER–Wertes an eine REAL-Variable möglich
(z. B.: X: = I). Dennoch sollte man den Variablentyp mit Bedacht wählen, denn teilweise
ist der Typ der Variablen von dem Einsatz der Variablen im Programm festgelegt (z. B.
müssen die Werte von Indizes immer vom Typ INTEGER sein (vgl. Kap. 6.3.2).

8.8 Zusammenfassung

Arithmetische Ausdrücke

Arithmetische *Ausdrücke* stellen Vorschriften zur Berechnung von Zahlenwerten dar.
Sie bestehen aus Konstanten, Variablen und Standardfunktionen, die mit Hilfe von
arithmetischen Operatoren verknüpft werden.

Bei dem Aufbau von arithmetischen Ausdrücken sind einige Regeln zu beachten:

Rangordnung in arithmetischen Ausdrücken

● Stehen mehrere arithmetische Operatoren verschiedenen Ranges in einer Anweisung,
   werden die Verknüpfungen entsprechend ihrer Rangfolge behandelt.

Für die Rangordnung arithmetischer Operatoren gilt:

Rang 1: * und /, sowie MOD und DIV

Rang 2: + und −

- Stehen mehrere gleichrangige arithmetische Operatoren in einem arithmetischen Ausdruck, werden sie in der Reihenfolge von links nach rechts behandelt.
- Der Multiplikationsoperator darf in arithmetischen PASCAL-Ausdrücken nicht fortgelassen werden.
- Klammerausdrücke haben vor den arithmetischen Operationen Vorrang.
- Innere Klammerausdrücke haben Vorrang vor den äußeren Klammerausdrücken.
- Gleichrangige Klammerausdrücke werden von links nach rechts behandelt.
- Standardfunktionen haben Vorrang vor Klammerausdrücken.
- Zwei arithmetische Operatoren dürfen nie unmittelbar aufeinander folgen.

Arithmetische Zuordnungsanweisung

Eine arithmetische *Zuordnungsanweisung* hat die allgemeine Form:

Variable: = arithmetischer Ausdruck

Der Wert des rechtsstehenden arithmetischen Ausdrucks wird der linksstehenden Variablen zugeordnet.

8.9 Übungsaufgaben

Mit Hilfe der folgenden Übungsaufgaben soll das Schreiben und Lesen von PASCAL-Formelausdrücken geübt werden. Die Lösungen befinden sich in Kap. 14. Zusätzlich zur Lösung werden in der Spalte „Bemerkung" Hinweise gegeben, auf welche Punkte besonders zu achten ist, um Fehler zu vermeiden.

Schon einmal angeführte Hinweise wurden in den darauf folgenden Formeln nicht mehr aufgeführt.

Aufgabe 8.1

Geben Sie an, in welcher Reihenfolge die einzelnen arithmetischen Operationen in den folgenden arithmetischen PASCAL-Ausdrücken bearbeitet werden:

Nr.	Arithmetischer Ausdruck
1	2 * A * SQR (3)
2	A + B/C + D * SQR (C)
3	(A * A + B * B) * 2
4	SQRT (ABS (X + 1) + A)
5	KØ * (1 + P/1ØØ) * SQR (N)

Aufgabe 8.2

Übertragen Sie die folgenden Formeln aus der in der Mathematik üblichen Formelschreibweise in die PASCAL-Schreibweise (Variable P steht für π, A für α).

Nr.	Mathematische Schreibweise	PASCAL-Schreibweise
1	$U = 2\,\pi\,r$	
2	$F = \pi\,r^2$	
3	$c = a + 2\,b^{-3}$ [1]	
4	$h = a + \dfrac{b}{c} + fd^e - g$ [1]	
5	$x = a\,(b - cd)$	
6	$y = \dfrac{a}{5 + 2b}$	
7	$y = \dfrac{a}{5} + 2b$	
8	$e = \dfrac{ab}{cd}$	
9	$e = \dfrac{7}{8}\,(x - y)$	
10	$c = \sqrt{a^2 + b^2}$	
11	$b = \cos\alpha^\circ$	
12	$b = \tan^3 X$ [1]	
13	$y = |a| + |b - c|$	

Aufgabe 8.3

Übertragen Sie die Formeln aus der PASCAL-Schreibweise in die in der Mathematik üblichen Formelschreibweise (Variable P steht für π, G für γ)

Nr.	PASCAL-Schreibweise	Mathematische Schreibweise
1	X := 4/3 * 3.14 * EXP (3 * LN (R)) [1]	
2	y := 1/(M * SQR (− 2) − N * SQR (− 2))	
3	Z := EXP (1/3 * LN (1 − 2 * I)) [1]	
4	U := EXP (− y * y/(2 * P * S))	
5	V := EXP (N * LN (y))	
6	y := LN (ABS ((X + 1)/X))	
7	W := EXP (2/5 * LN (A + B)) [1]	
8	N := A * (1 − EXP (− T/2))	
9	G := EXP ((SQR (N) − 1) * LN (A)) [1]	
10	C := SQRT (SQR (A) + SQR (B) − 2 * A * B * (COS (G))	

---

[1] PASCAL kennt kein Operationszeichen und keine Standardfunktion zur Potenzierung. Mit den zur Verfügung stehenden Standardfunktionen kann man sich jedoch wie folgt behelfen:

Es gilt: $a = b^c = e^{c \cdot \ln b}$

In PASCAL läßt sich die Potenzierung somit wie folgt realisieren:

A = EXP (C * LN (B)).

9 Ein- und Ausgabeanweisungen

9.1 Eingabeanweisungen

Programme müssen mit den erforderlichen Eingabedaten versorgt werden. Eingabeanweisungen sorgen dafür, daß die jeweiligen Eingabedaten von dem gewählten Eingabegerät (vgl. 1.2 und [1]) zum Speicher der Zentraleinheit transportiert werden. Dort sind die Eingabedaten anschließend für das Programm erreichbar abgelegt. Sie können somit bei Bedarf vom Programm abgerufen werden.

Eingabeanweisungen dienen dazu, Programme mit den erforderlichen Eingabedaten zu versorgen.

Eingabedaten werden mit Hilfe der READ-Anweisung folgendermaßen eingegeben:

    READ $(v_1, v_2, ..., v_x)$

Dabei ist:

READ   das Schlüsselwort der Eingabeanweisung;

$v_1, v_2, ..., v_x$ eine Liste mit x $\underline{V}$ariablennamen;

- Mit Hilfe des Wortsymboles *READ* (deutsch: Lies) wird der DVA mitgeteilt, daß Daten eingelesen werden sollen.
- Die *Variablenliste*, die in Klammern auf das Schlüsselwort READ folgt, enthält die Variablennamen, denen über ein Eingabegerät Werte zugewiesen werden sollen.

Es können dabei beliebig viele Variablennamen in beliebiger Reihenfolge aufgelistet werden.

Die einzelnen Variablennamen werden dabei durch Kommata voneinander getrennt.

Dabei können sowohl einfachen als auch indizierten Variablen Werte zugewiesen werden.

Mit Hilfe der READ-Anweisung können beliebig vielen Variablen Werte zugewiesen werden.

Diese Variablen werden, durch Kommata getrennt, in einer „Variablenliste" hinter dem Schlüsselwort READ aufgelistet.

Die Variablenliste wird in runde Klammern gesetzt.

Die Reihenfolge der Variablen kann beliebig sein.

Beispiel einer Eingabeanweisung:

    READ (A, B, C)

Den Variablen A, B und C werden der Reihe nach von links nach rechts über das Eingabegerät Werte zugewiesen.

Die Zahlenwerte (Eingabedaten) werden am Eingabegerät wie Konstanten eingegeben (vgl. Kap. 6.2).

Die einzelnen Zahlenwerte müssen bei der Eingabe mindestens durch ein Leerzeichen (engl.: blank) getrennt werden.

Die Leerzeichen dienen somit bei der Eingabe der Zahlenwerte zu ihrer Trennung. Daher dürfen innerhalb der einzelnen Zahlenwerte keine Leerzeichen auftreten.

Die Variablen der Variablenliste müssen nicht in *einer* **READ-Anweisung zusammengefaßt sein.**

Mehrere Zahlenwerte können auch durch wiederholte Eingabeanweisungen eingegeben werden.

Beispiel von Eingabeanweisungen:

1.	READ (A, B, C)
2.	READ (A, B); READ (C)
3.	READ (A); READ (B, C)
4.	READ (A); READ (B); READ (C)

Diese vier verschiedenen Formen bewirken alle, daß den Variablen A, B und C der Reihe nach über das Eingabegerät Werte zugewiesen werden. Sie sind in ihrer Wirkung gleich, obwohl sie sich äußerlich unterscheiden.

Die Eingabe der Werte über das Eingabegerät unterscheidet sich in allen 4 Fällen ebenfalls nicht voneinander.

Beispiel für die Eingabe von Zahlenwerten für das obige Beispiel:

1. Sind die Variablen A, B und C als INTEGER-Variable vereinbart und sollen der Variablen A der Wert 1, der Variablen B der Wert 2 und der Variablen C der Wert 3 zugeordnet werden, so müssen die Zahlenwerte mit Hilfe der Tastatur bzw. über Lochkarten oder Lochstreifen wie folgt angeordnet werden:

   1 ⊔ 2 ⊔ 3

   Dabei steht das Zeichen ⊔ symbolisch für das zur Trennung der Werte erforderliche Leerzeichen, das durch Betätigung der Leertaste von dem Eingabegerät abgegeben wird.

2. Sind die Variablen A, B und C als REAL-Variable vereinbart und soll der Variablen A der Wert 1,23, der Variablen B der Wert 4,56 und der Variablen C der Wert 7,89 zugeordnet werden, so müssen die Zahlenwerte wie folgt eingegeben werden:

   1.23 ⊔ 4.56 ⊔ 7.89 ⊔

   Auch hier steht das Zeichen ⊔ symbolisch für das Leerzeichen.

9.2 Ausgabeanweisungen

9.2.1 Die WRITE-Anweisung

Nach der Verarbeitung der Daten muß die Möglichkeit bestehen, die ermittelten Ergebnisse auf einfache Weise und in geeigneter Form auf einem Ausgabegerät (Schnelldrucker, Sichtschirm o. ä.) auszugeben. Dazu dient in PASCAL die Ausgabeanweisung WRITE.

Ausgabeanweisungen dienen dazu, Daten programmgesteuert auszugeben.

Daten werden mit Hilfe der WRITE-Anweisung folgendermaßen ausgegeben:

WRITE $(a_1, a_2, ..., a_x)$

Dabei ist:

WRITE   das Schlüsselwort der Ausgabeanweisung

$a_1, a_2, ..., a_x$ eine Liste mit x $\underline{a}$rithmetischen Ausdrücken

- Mit Hilfe des Wortsymbols WRITE (deutsch: Schreibe) wird der DVA mitgeteilt, daß Daten ausgegeben werden sollen.

- Die *Liste der arithmetischen Ausdrücke*, die in Klammern auf das Schlüsselwort WRITE folgt, enthält die arithmetischen Ausdrücke, deren Werte ausgegeben werden sollen. Arithmetische Ausdrücke sind dabei bekanntlich:
  - Konstanten (vgl. 6.2)
  - Einfache Variablen (vgl. 6.3.1)
  - Indizierte Variablen (vgl. 6.3.2)
  - Arithmetische Ausdrücke (vgl. 8.1)

- Es können beliebig viele arithmetische Ausdrücke in beliebiger Reihenfolge aufgelistet werden.

  Die einzelnen arithmetischen Ausdrücke werden dabei durch Kommas voneinander getrennt.

- Es können sowohl arithmetische Ausdrücke mit einfachen Variablen als auch mit indizierten Variablen ausgegeben werden.

Mit Hilfe des Schlüsselwortes WRITE wird der DVA mitgeteilt, daß Daten ausgegeben werden sollen.

Die arithmetischen Ausdrücke $a_1, ..., a_x$**, deren Werte ausgegeben werden sollen, werden in einer in Klammern gesetzten Liste hinter dem Schlüsselwort WRITE aufgeführt.**

Die Liste kann eine beliebige Anzahl von arithmetischen Ausdrücken enthalten. Sie werden durch Kommas voneinander getrennt.

Ihre Reihenfolge ist beliebig.

In der Mehrzahl der Fälle werden die arithmetischen Ausdrücke aus einfachen Variablennamen bestehen. Die Ausgabeanweisung hat dann die Form:

> WRITE $(v_1, v_2, ..., v_x)$

Dabei ist $v_1, v_2, ..., v_x$ eine Liste mit x $\underline{V}$ariablennamen.

Beispiel einer Ausgabeanweisung:

WRITE (A, B, C)

Die Werte, die die Variablen A, B und C einnehmen, werden *nebeneinander* in einundderselben Zeile in der Reihenfolge, die die Variablenliste vorgibt, über das Ausgabegerät (i. a. Sichtschirm oder Drucker) ausgegeben.

Die Variablen der Variablenliste müssen nicht in *einer* **WRITE-Anweisung zusammengefaßt sein.**

Beispiele von Ausgabeanweisungen:

1.	WRITE (A, B, C)
2.	WRITE (A, B); WRITE (C)
3.	WRITE (A); WRITE (B, C)
4.	WRITE (A); WRITE (B); WRITE (C)

Diese vier verschiedenen Formen von Ausgabeanweisungen geben die Ausgabedaten in exakt der gleichen Art aus. Die Werte, die die Ausgabevariablen A, B und C des obigen Beispiels einnehmen, werden nebeneinander in einer Zeile in der Reihenfolge, die die Variablenliste vorgibt, ausgegeben.

9.2.2 Die WRITELN-Anweisung

Möchte man die Werte, die die Ausgabevariablen einnehmen können, in mehreren Zeilen untereinander ausgeben, so muß anstelle des Schlüsselwortes WRITE in der Ausgabeanweisung das Schlüsselwort WRITELN gewählt werden (WRITELN steht als Abkürzung für WRITELINE, d. h.: Schreibe Zeile).

Das Schlüsselwort WRITELN bewirkt, daß mit der Ausgabe des Wertes der letzten Variablen in der Variablenliste dieser Ausgabeanweisung die Ausgabe einer Zeile abgeschlossen wird.

Der nächste Wert, der mit Hilfe einer folgenden Ausgabeanweisung WRITE bzw. WRITELN ausgegeben wird, beginnt am Anfang der nächsten Zeile.

Beispiele von Ausgabeanweisungen:

1. WRITELN (A);
   WRITELN (B);
   WRITELN (C)

   Die Werte, die die drei Variablen A, B und C einnehmen, werden in drei Zeilen *untereinander* in der Reihenfolge ausgegeben, die die Variablenliste vorgibt.

2. WRITE (A);
   WRITELN (B);
   WRITE (C)

   Die Werte, die die Variablen A und B einnehmen, werden *nebeneinander* in ein- und derselben Zeile in der Reihenfolge ausgegeben, die die Variablenliste vorgibt. Durch die Anweisung WRITELN (B) wird jedoch die Ausgabe in dieser Druckzeile abgeschlossen. Daher wird der Wert, den die Variable C einnimmt, in der folgenden Zeile ausgedruckt.

3. WRITELN (A, B);
   WRITE (C)

   Diese Form der Ausgabeanweisungen ist zwar äußerlich anders als im vorangegangenen Beispiel, hat aber die gleiche Wirkung.

   Mit Hilfe der Ausgabeanweisung WRITELN (A, B) werden die Werte der Variablen A und B nebeneinander in einer Zeile ausgegeben. Mit der Ausgabe des Wertes der letzten Variablen, d. h. des Wertes von B, wird jedoch die Zeile abgeschlossen.

Mit Hilfe der nächsten Ausgabeanweisung WRITE (C) wird der Wert der Variablen C am Anfang der nächsten Zeile ausgedruckt.

9.2.3 Das Ausgabeformat

Bislang wurde nur davon gesprochen, daß mit Hilfe der WRITE—Anweisung Daten in einer Zeile ausgegeben werden können und daß mit Hilfe der WRITELN-Anweisung die Ausgabe vom Programm her so gesteuert werden kann, daß Ausgabewerte in aufeinanderfolgenden Zeilen stehen.

Es wurde jedoch noch nicht darauf eingegangen, wie die Ausgabewerte innerhalb einer Druckzeile im einzelnen angeordnet werden.

Die Kenntnis dieser Anordnung ist ebenfalls sehr wesentlich, denn die Ergebnisausdrucke sollen für jedermann, auch ohne Kenntnis des Programms, verständlich und übersichtlich dargeboten werden. Wichtig ist daher, daß die einzelnen Ausgabewerte in ein- und derselben Zeile deutlich voneinander durch leere Druckstellen (Druckpositionen, die nicht durch Druckzeichen belegt sind) getrennt. sind. Um die Programmierarbeit für die Ausgabe von Daten zu vereinfachen, wird automatisch von der DVA ein Standard-Spaltenformat gewählt, wenn die WRITE- bzw. WRITELN-Anweisung in der bereits bekannten Form (vgl. Kap. 9.2.1, 9.2.2) angegeben wird.

Das Standard-Spaltenformat

Das von der DVA automatisch gewählte Standard-Spaltenformat ist nicht bei allen DVA's der verschiedenen Hersteller exakt gleich. Daher kann hier nur das Prinzip anhand einer bestimmten Version eines Herstellers dargestellt werden. Andere Versionen können sich in Details unterscheiden. Einzelheiten müssen den jeweiligen Herstellerhandbüchern entnommen werden. Falls dies nicht möglich ist, kann das Standard-Spaltenformat auch experimentell bestimmt werden, indem man ein Test-Programm schreibt, das es ermöglicht, bestimmte Werte in die DVA einzugeben und anschließend wieder auszugeben. Aus der Form der Ausgabe und Auszählen der Druckstellen kann dann auf das Standard-Spaltenformat der jeweiligen DVA geschlossen werden.

Ein derartiges Testprogramm kann bereits mit den vorhandenen Kenntnissen folgendermaßen formuliert werden (Bild 9.1).

```
PROGRAM LS(INPUT, OUTPUT);
VAR A, B, C:REAL;
    D, E, F:INTEGER;
BEGIN READ(A, B, C, D, E, F);        Bild 9.1
WRITELN(A, B, C, D, E, F)
END.
```

Das Programm mit dem Namen LS (LS steht für Lesen und Schreiben) sollte geeignet sein, alle Formen von Werten in diesem Test ein- und auszugeben, wie z. B.:

- Ganze Zahlen (positiv und negativ mit unterschiedlicher Anzahl von Ziffern),
- Dezimalzahlen (in Dezimal- und Exponentialschreibweise, beide positiv und negativ mit unterschiedlicher Anzahl von Ziffern vor und nach dem Dezimalpunkt in der Mantisse sowie mit positivem und negativem Exponenten).

Die Vorgehensweise sollen folgende Beispiele zeigen:

● Ein- und Ausgabe von positiven Werten

Es sollen für die Variablen A, B, C, D, E und F des Ein- und Ausgabeprogrammes folgende positiven Werte eingegeben werden:

Variable	Eingabewert	Bemerkung
A	1,1	Dezimalzahlen für die REAL-Variablen
B	2222,2	
C	333333,3	
D	1	Ganze Zahlen für die INTEGER-Variablen
E	22	
F	3333	

Die Werte werden über die Tastatur des Eingabegerätes der Reihenfolge nach von links nach rechts folgendermaßen eingegeben:

1.1 ⊔ 2222.2 ⊔ 333333.3 ⊔ 1 ⊔ 22 ⊔ 3333 ⊔

Die einzelnen Zeichen wie Ziffern, Punkte und Leerzeichen (symbolisch durch ⊔ dargestellt) werden der Reihe nach von links nach rechts gelesen und eingetastet. Dabei dienen Leerzeichen zum Trennen der einzelnen Zahlenwerte.

Der Ausdruck, der auf dem Ausgabegerät erscheint, hat dann bei der verwendeten DVA folgendes Aussehen (Bild 9.2):

```
1.100000        2222.200        333333.3        1        22        3333
```

Bild 9.2

Deutlicher wird der Aufbau des Ausdruckes aus Bild 9.3.

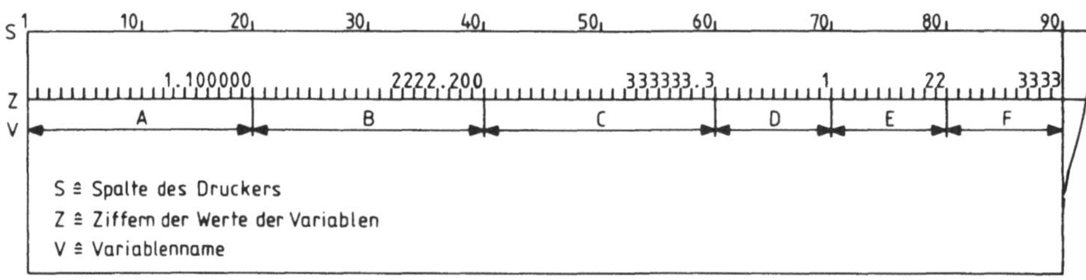

Bild 9.3

Bild 9.3 zeigt den Aufbau des Ausdruckes von Bild 9.2, sowie eine Reihe von Hilfslinien. Diese Hilfslinien sollen helfen, den Aufbau des Druckformates deutlich hervorzuheben.

Die *Zeile Z* stellt die eigentliche *Druckzeile* dar. Hier stehen die auszugebenden Werte. Die Hilfslinie direkt unter den Werten mit der Querstrichelung ist, wie das Original (Bild 9.2) des Ausdruckes zeigt, eigentlich nicht vorhanden. Sie dient hier nur dazu, symbolisch die *Druckpositionen* des Druckers anzugeben, d. h. die Stellen, an denen der Drucker Zeichen ausdrucken kann.

Wenn an einer Stelle kein Zeichen gedruckt werden soll, so muß die DVA dem Drucker eine Information geben, die den Drucker veranlaßt, nichts zu drucken und einfach um eine Druckposition weiter zu rücken. Diese Information erhält der Drucker durch das „Leerzeichen" (engl.: blank). Das zugehörige Steuerzeichen wird abgegeben, wenn die Leertaste der Eingabetastatur gedrückt wird.

Die *Hilfslinie S* beziffert jede zehnte Druckposition, damit ein mühsames Auszählen entfällt. Sie dient nur zur besseren Übersicht und erscheint ebenfalls nicht im Druckbild.

Die *Hilfslinie V* gibt den Druckbereich der einzelnen Variablen an.

Auswertung des Ausdruckes von Bild 9.2 und 9.3

Eine Auswertung dieser Bilder führt zu folgenden Feststellungen:

* Für Werte von REAL-Variablen wird ein Druckfeld von 20 Spalten (Druckpositionen) standard-mäßig bereitgestellt.

* Für Werte von INTEGER–Variablen wird ein Druckfeld von 10 Spalten (Druckpositionen) stan-dardmäßig bereitgestellt.

Für die Anordnung der Variablen innerhalb der Druckfelder ergeben sich folgende Feststellungen:

— Werte von REAL-Variablen *in Dezimalschreibweise* nehmen 8 Druckstellen in Anspruch. Sie stehen in dem 20spaltigen Druckfeld in den Druckpositionen 13 bis 20. Davon wird eine der 8 Druckstellen für den Dezimalpunkt bereitgestellt, so daß insgesamt 7 Ziffern ausgedruckt werden können. Der Dezimalpunkt wird von der DVA automatisch an der jeweils erforderlichen Stelle ausgedruckt.

  Werden weniger als 7 Ziffern eingegeben, so beginnt die Zahl ebenfalls an der Druckposition 13. Fehlende Ziffern werden bis zum Ende des 20spaltigen Druckfeldes im jeweiligen Variablen-feld durch Nullen ergänzt.

  Werden Dezimalzahlen eingegeben, die mehr als 7 Ziffern einschließlich aller eingegebenen Nullen besitzen, so wird diese Zahl automatisch in Exponentialschreibweise ausgegeben. Darauf wird in diesem Kapitel noch eingegangen.

— Werte von INTEGER-Variablen dürfen nur 4 Ziffern besitzen (es sind zwar auch 5 Ziffern mög-lich, allerdings darf der Zahlenwert von ca. 30 000 nicht überschritten werden). Werden größere Zahlen eingegeben, erscheint eine Fehlermeldung (Positiver Überlauf).

  Die Ziffern nehmen in dem 10spaltigen Druckfeld für ganze Zahlen die Spalten 7 bis 10 ein. Werden für Zahlen jedoch weniger als 4 Ziffern benötigt, so werden die Zahlen im Druckfeld rechtsbündig, d. h. bündig am rechten Rand des Druckfeldes ausgedruckt. Die führenden Druck-stellen bleiben dann leer.

Die Druckfelder für REAL- und INTEGER-Variablen werden somit durch die Zahlenwerte niemals voll ausgenutzt. Die nicht ausgenutzten Druckstellen dienen zur Trennung der Zahlen untereinander.

* Ein- und Ausgabe von negativen Werten

Es soll nun gezeigt werden, wie negative Zahlenwerte ein- und ausgegeben werden. Folgende negative Zahlen sollen mit Hilfe des Ein-Ausgabe-Test-Programmes (vgl. Bild 9.1) ein- und ausgegeben werden:

Variable	zugeordneter Wert	Bemerkung
A	− 1,1	
B	− 2222,2	Negative Dezimalzahlen für die REAL-Variablen
C	− 333333,3	
D	− 1	
E	− 22	Negative ganze Zahlen für die INTEGER-Variablen
F	− 3333	

Die Werte werden über die Tastatur desEingabegerätes der Reihe nach von links nach rechts wie folgt eingegeben:

  − 1.1 ⊔ − 2222.2 ⊔ − 333333.3 ⊔ − 1 ⊔ − 22 ⊔ − 3333 ⊔

Das Leerzeichen zur Trennung der Werte wird symbolisch durch ⊔ dargestellt.

Der Ausdruck, den das Ausgabegerät erstellt, hat folgendes Aussehen (Bild 9.4):

```
-1.100000        -2222.200       -333333.3-      1-          22-         3333
```

Bild 9.4

Der Platzbedarf für eine Druckposition in mm läßt sich über die ausgedruckten Zahlenwerte mit Hilfe eines Lineals experimentell bestimmen. Daraus läßt sich anschließend die Zahl der Leerstellen (Zwischenräume) bestimmen. So wird in den folgenden Beispielen verfahren werden.

Die Auswertung des Ausdruckes (Bild 9.4) ergibt im Vergleich zu dem Ausdruck mit positiven Zahlenwerten (Bild 9.2, 9.3) folgende Feststellungen:

* *Negative Werte von REAL-Variablen* in Dezimalschreibweise nehmen 9 Druckstellen des 20stelligen Variablenfeldes in Anspruch. 8 Stellen dienen wie bei den positiven Zahlen zur Darstellung der Zahl. Die vorher jedoch nicht ausgenutzte Druckposition 12 dient zur Darstellung des Vorzeichens.

* *Negative Werte von INTEGER-Variablen* nehmen, wie bei den positiven Werten, höchstens 4 Druckstellen rechtsbündig im 10stelligen Variablenfeld in Anspruch. Das Vorzeichen wird an der *ersten* Druckposition des 10stelligen Variablenfeldes, d. h. linksbündig, ausgedruckt. Dies führt zu der etwas unübersichtlichen Darstellung, da die Ziffern am Ende des vorhergehenden Druckfeldes direkt an das neg. Vorzeichen des folgenden Druckfeldes anschließen.

   Hier wäre es möglicherweise sinnvoll, eine zusätzliche Trennung vorzunehmen. Dies muß allerdings programmiert werden. Darauf wird an späterer Stelle dieses Kapitels noch eingegangen.

● Ein- und Ausgabe von Zahlenwerten zwischen + 1 und − 1

Es soll weiterhin beispielhaft gezeigt werden, wie Zahlen zwischen + 1 und − 1 (außer ∅) ausgedruckt werden. Folgende Werte sollen in zwei Programmdurchläufen ein- und ausgegeben werden:

Variable	Werte im 1. Durchlauf	Werte im 2. Durchlauf
A	0,1	− 0,1
B	0,002	− 0,02
C	0,000033	− 0,000033
D	123	123
E	456	456
F	789	789

Im folgenden werden die Werte der REAL-Variablen A, B und C betrachtet, da sich hier Änderungen gegenüber den vorhergehenden Ausdrucken ergeben.

Die beiden Ausdrucke haben folgendes Aussehen (Bild 9.5 und 9.6):

```
0.9999999E-01     0.2000000E-02     0.3300000E-04      123       456       789
```

Bild 9.5

```
-0.1000000       -0.2000000E-01     -0.3300000E-04     123       456       789
```

Bild 9.6

Hier soll noch einmal Bild 9.7 den prinzipiellen Aufbau der Ausdrucke der Bilder 9.5 und 9.6 zeigen:

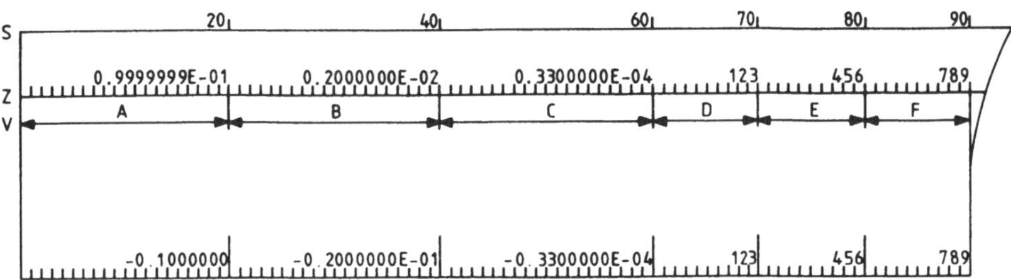

Bild 9.7

Die Auswertung des Bildes 9.7 führt zu folgenden Feststellungen:

* Für REAL-Variable wird auch hier ein Druckfeld von 20 Spalten bereitgestellt.
* Für INTEGER-Variable wird wieder ein Druckfeld von 10 Spalten bereitgestellt.
* Die Zahlenwerte werden zwar in *Dezimalschreibweise* eingegeben, zum größten Teil aber in *normierter Exponentialschreibweise* ausgegeben.

Dezimalzahlen in normierter Zehnerexponentialschreibweise haben folgenden prinzipiellen Aufbau:

$\pm \emptyset$. Ziffernfolge   E $\pm$ Exponent

— Die Ziffernfolge besteht aus 7 Ziffern.[1]

— Werden die möglichen 7 Ziffern bei der Eingabe nicht voll ausgenutzt, so werden diese Stellen automatisch durch Anhängen von Nullen aufgefüllt, ohne daß sich dadurch der Wert verändert.

— Durch den Buchstaben E wird angezeigt, daß die darauffolgende Zahl die Zehnerpotenz (Exponent) darstellt.

— Der Exponent besteht aus 2 Ziffern. [1]

Somit ergibt sich einschließlich Vorzeichen, Null, Dezimalpunkt, Ziffernfolge, Kennbuchstaben E und des Exponenten selbst ein Druckstellenbedarf von 14 Druckpositionen. Das positive Vorzeichen kann vor $\emptyset$. *Ziffernfolge* entfallen. Das positive Vorzeichen *vor dem Exponenten* kann ebenfalls entfallen. Es bleibt jedoch eine leere Druckstelle zwischen E und dem Exponenten, so daß sich der Bedarf an Druckstellen nicht verringert.

Einen Sonderfall stellt die Eingabe von Zahlen mit folgendem Aufbau dar:

$\pm \emptyset$. Ziffernfolge[2]

Diese Werte werden bei einer *Eingabe* in Dezimalschreibweise *nicht* in normierter Exponentialschreibweise *ausgegeben*, sondern behalten die Dezimalschreibweise bei.

Bei der Eingabe von 0,1 geschieht, wie der Ausdruck zeigt, noch eine weitere Besonderheit. Der eingegebene Wert wird im Speicher nicht exakt als 0,1, sondern nur näherungsweise als 0,09999999 dargestellt und somit auch in Exponentialschreibweise ausgegeben. Bei der Eingabe von − 0,1 wird hingegen auch bei der Ausgabe die Dezimalschreibweise beibehalten.

● Ein- und Ausgabe von Zahlenwerten in Exponentialschreibweise

   REAL-Zahlen können auch in Exponentialschreibweise eingegeben werden. Die Form der Ausgabe demonstriert folgendes Beispiel:

---

[1] In der Anzahl der Ziffern sind Unterschiede bei unterschiedlichen DVA's möglich.

[2] Ziffern in der Ziffernfolge ungleich Null.

Es werden folgende Zahlen in Exponentialschreibweise für die REAL-Variablen des Testprogrammes (vgl. Bild 9.1) eingegeben:

Variable	zugeordneter Wert	Bemerkung
A	$11.11 \cdot 10^2$	
B	$222.222 \cdot 10^6$	REAL-Variable
C	$2222.22 \cdot 10^{-4}$	
D	1	
E	2	INTEGER-Variable
F	3	

Die Werte werden über die Tastatur des Eingabegerätes der Reihe nach von links nach rechts wie folgt eingegeben:

$11.11 E + 2 \sqcup 222.222 E 6 \sqcup 2222.22 E - 4 \sqcup 1 \sqcup 2 \sqcup 3 \sqcup$

Die Leerzeichen werden wieder symbolisch durch $\sqcup$ dargestellt. Der Ausdruck, den das Ausgabegerät daraufhin erstellt, hat dann folgendes Aussehen (Bild 9.8):

```
1111.000        0.2222220E 09        0.2222220        1        2        3
```

Bild 9.8

Die Auswertung dieses Ausdruckes ergibt folgende Feststellungen:

* Die Druckfelder besitzen auch hier, wie bereits bekannt, bei
  - REAL-Variablen 20 Druckstellen und bei
  - INTEGER-Variablen 10 Druckstellen.

* Dezimalzahlen, die in Exponentialschreibweise eingegeben werden, werden in Dezimalschreibweise ausgegeben, wenn dies mit Hilfe der zur Verfügung stehenden 8 Druckstellen einschließlich Dezimalpunkt möglich ist (siehe Werte der Variablen A und C).

* Dezimalzahlen, die in Exponentialschreibweise eingegeben werden, werden in *normierter* Exponentialschreibweise ausgegeben, wenn eine Ausgabe in Dezimalschreibweise aufgrund der begrenzten Stellenzahl zum Ausdruck (8 Druckstellen) nicht möglich ist.

Es soll an dieser Stelle noch einmal ausdrücklich darauf hingewiesen werden, daß die besprochene Ausgabe im *Standard-Spaltenformat*, die der Rechner somit standardmäßig vornimmt, wenn keine näheren Anweisungen vorliegen, vom jeweiligen Rechner und seiner Betriebssoftware abhängt. Sie kann somit von Rechner zu Rechner verschieden sein. Näheres muß den Hersteller-Handbüchern entnommen werden. Falls die Aussagen zu diesem Thema in den Hersteller-Handbüchern nicht ausführlich genug sind, zeigen die in diesem Buch aufgeführten Beispiele, wie man experimentell das Ausgabeformat des jeweiligen Rechners ermitteln kann.

Das programmierte Spaltenformat

Mit Hilfe des programmierten Spaltenformates kann die Größe des Gesamtdruckfeldes für

Werte von REAL-Variablen und
Werte von INTEGER–Variablen

auch vom Programmierer genau vorgeschrieben werden. Dies geschieht durch zusätzliche Angaben im Programm. Für Werte von REAL-Variablen gilt einschränkend, daß das programmierte Spaltenformat nur für Werte in Dezimalschreibweise festgelegt werden kann.

Die WRITE-Anweisung zur Ausgabe im programmierten Spaltenformat hat folgende allgemeine Form:
- **WRITE** $(a_1:w_1:d_1, a_2:w_2:d_2, ..., a_x:w_x:d_x)$ **für REAL-Variable**
- **WRITE** $(a_1:w_1, a_2:w_2, ..., a_x:w_x)$ **für INTEGER-Variable**

Hierbei ist:

$a_1, a_2, ..., a_x$ eine Liste mit x <u>a</u>rithmetischen Ausdrücken (vgl. Kap. 8.1) (i. a. meist Variablennamen).

$w_1, w_2, ..., w_x$ die *Gesamtzahl* der gewünschten Druckstellen für die zugehörigen arithmetischen Ausdrücke $a_1, a_2, ..., a_x$.

$d_1, d_2, ..., d_3$ die Zahl der Druckstellen nach dem Dezimalpunkt für die zugehörigen arithmetischen Ausdrücke $a_1, a_2, ..., a_x$ innerhalb des jeweiligen Gesamtdruckfeldes $w_1, w_2, ..., w_x$.

                   Diese Angabe ist jedoch nur bei der Ausgabe von REAL-Variablen nötig.

- **Die Liste der x arithmetischen Ausdrücke** $a_1, a_2, ..., a_x$ **wird ergänzt durch programmierbare Angaben zum programmierten Spaltenformat.**

- **Jedem arithmetischen Ausdruck der Liste wird, getrennt durch einen Doppelpunkt, die gewünschte Gesamt***zahl* **w des Druckfeldes zugeordnet.**

Die Gesamtzahl w des Druckfeldes muß genügend Druckstellen aufweisen für

- **die gewünschte Anzahl der Ziffern,**
- **den bei Dezimalzahlen notwendigen Dezimalpunkt,**
- **den eventuell auftretenden Vorzeichen und**
- **den zur Trennung der einzelnen Zahlenwerte erforderlichen Leerzeichen.**

- **Sind die Werte der arithmetischen Ausdrücke vom Typ REAL (Dezimalzahlen), so ist, durch Doppelpunkt getrennt von der Gesamtzahl w der Druckstellen, die** *Zahl* **der gewünschten Druckstellen d** *nach* **dem Dezimalpunkt anzugeben.**

Beispiel:
Das Programm (vgl. Bild 9.1), das zur Demonstration der Ein- und Ausgabe von Zahlenwerten im Standard-Spaltenformat diente, wird wie folgt ergänzt durch Angaben zum programmierten Spaltenformat:

```
PROGRAM ⊔ LS (INPUT, OUTPUT);
VAR ⊔ A, B, C: REAL;
        D, E, F: INTEGER;
BEGIN ⊔ READ (A, B, C, D, E, F);
        WRITELN (A:5:2, B:10:3, C:15:5, D:2, E:5, F:6)
    END.
```

Es sollen für die Variablen z. B. folgende Werte eingegeben werden:

Variable	zugeordneter Wert
A	1,1
B	2222,2
C	333333,3
D	1
E	22
F	3333

Das folgende Bild 9.9 zeigt den Aufbau des Ausdruckes im programmierten Spaltenformat.

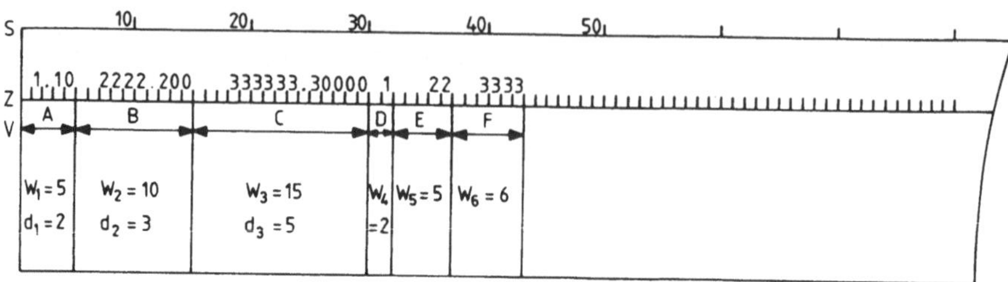

Bild 9.9

S − fortlaufende Zählung der Druckstellen
Z − Druckbild der Werte der Variablen
V − Variablenname

Die Anzahl der gewünschten Druckstellen w und d muß im Programm nicht direkt in Form
einer Zahl festgelegt werden, wie dies im vorangegangenen Beispiel gezeigt wurde, sondern
kann ebenfalls in Form eines arithmetischen Ausdruckes festgelegt werden. Auf diese Weise
läßt sich das Ausgabeformat sogar vom Programm her variabel gestalten.

**Die Anzahl der Druckstellen w und d wird in Form eines arithmetischen Ausdruckes ange-
geben.**

Die einfachste Form eines arithmetischen Ausdruckes ist bekanntlich eine Konstante bzw.
eine Variable (vgl. Kap. 8.1).

Häufig steht der Programmierer vor dem Problem, errechnete Werte in *Tabellenform* ausgeben zu müssen. Die Ausgabe im Standard-Spaltenformat ist vielfach nicht geeignet, da

— je nach Größe der Werte diese in Dezimal- oder Exponentialschreibweise ausgegeben
   werden können und

— die Dezimalpunkte je nach Größe der Werte gleiten.

Beides führt zu uneinheitlichen, unübersichtlichen Tabellen. Geeigneter ist daher vielfach
das programmierte Spaltenformat, da mit dessen Hilfe das Aussehen der Tabelle individuell
gestaltet werden kann. Weiterhin wird vielfach für Zahlen mit kleiner Stellenzahl durch die
im Standard-Spaltenformat standardmäßig festgelegte Größe des Druckfeldes mehr Platz
zur Verfügung gestellt als benötigt wird.

Wenn in diesen Fällen mit Hilfe des programmierten Spaltenformates kleinere Druckfelder
festgelegt werden, lassen sich mehr Zahlenwerte auf einer Druckzeile unterbringen. Dies ist
vielfach bei umfangreichen Tabellen notwendig.

9.2.4 Ausgabe von kommentierenden Texten

Bislang wurde nur die Ausgabe von Zahlenwerten besprochen. Die Übersichtlichkeit der
Ausgabe läßt sich noch weiter steigern, wenn zusätzlich die Möglichkeit besteht, beliebige
Texte zur Erläuterung in das Datenmaterial einzufügen. Dabei kann es sich um Überschrif-
ten, Tabellentexte, Maßeinheiten usw. handeln.

Kommentierende Texte können mit Hilfe der WRITE-Anweisung ausgegeben werden. Die allgemeine Form zur Ausgabe von festen Texten ist:

    WRITE ("Text")   bzw.
    WRITELN ("Text")

Der Text darf aus beliebigen Zeichen des PASCAL—Zeichenvorrats bestehen und ist in Anführungszeichen (" ") zu setzen.

Beispiel:

In einem Programm werden Quadratwurzeln berechnet.

Das Ausgabeprotokoll soll daher als Überschrift den kommentierenden Text

    Quadratwurzeln

aufweisen. Der entsprechende Ausgabebefehl lautet:

    WRITE ("QUADRATWURZELN")

Beispiel:

In einem Programm soll für eine Vielzahl von Arbeitnehmern der Lohn aus der Anzahl der Stunden und dem Stundenlohn ermittelt werden. Für alle Arbeitnehmer ist ein Lohnstreifen zu erstellen, in dem über den jeweiligen Zahlenwerten in einer separaten Zeile folgende kommentierende Texte stehen:

    Stunden   Std.lohn   Lohn

Zur richtigen Anordnung der Texte über den Werten sind noch folgende Angaben wichtig:

Der Variablenname für die Stunden sei S. Hierfür soll ein Druckfeld von 7 Druckspalten mit 2 Nachkommastellen bereitgestellt werden.

Der Variablenname für den Stundenlohn sei SL. Hierfür soll ein Druckfeld von 10 Druckspalten mit 2 Nachkommastellen bereitgestellt werden.

Der Variablenname für den Lohn sei L. Hierfür soll ebenfalls ein Druckfeld von 10 Druckspalten mit 2 Nachkommastellen bereitgestellt werden.

Die Anweisung für den über den Zahlenfeldern auszugebenden Text muß dann folgendermaßen lauten:

    WRITELN ("STUNDEN ⊔⊔ STD.LOHN ⊔⊔⊔⊔⊔⊔ LOHN");

Für die Leerzeichen stehen symbolisch die ⊔ Zeichen.

Die Ausgabeanweisung für die in der nächsten Zeile auszugebenden Zahlenwerte lautet:

    WRITELN (S:7:2, SL:10:2, L:10:2)

Die Werte werden dann rechtsbündig in die 7 bzw. 10spaltigen Druckfelder unter dem zugehörigen Text ausgedruckt.

Leerstellen innerhalb eines durch Anführungszeichen gekennzeichneten Textes werden als „leere" Druckstellen gewertet, d. h. es wird kein PASCAL-Zeichen ausgedruckt, der Schreibkopf bewegt sich, ohne zu drucken, um genau eine Druckposition weiter.

Mit Hilfe der Leerstellen lassen sich beliebige Abstände zwischen den Textelementen programmieren.

Weiterhin ist an dieser Stelle anzumerken, daß derartige Texte nicht immer beliebig lang sein dürfen. Die erlaubte Länge von kommentierenden Texten ist von DVA zu DVA verschieden und muß den entsprechenden Herstellerhandbüchern entnommen werden.

In den Beispielen dieses Buches (vgl. Kap. 13) wird im folgenden davon ausgegangen, daß Texte höchstens 16 Zeichen, einschließlich aller Leerzeichen, besitzen dürfen.

Dies ist keine gravierende Einschränkung, denn es können beliebig viel Texte aneinandergereiht werden. Ein längerer Text kann somit in kürzere Texteinheiten zerlegt, entsprechend programmiert und ausgedruckt werden.

Die allgemeine Form zur Ausgabe von x festen Texten ist:

WRITE ("Text1", "Text2", ..., "Textx") bzw.
WRITELN ("Text1", "Text2", ..., "Textx").

Beispiel:

Der Text des vorangegangenen Beispiels ließe sich mit Hilfe kürzerer Texteinheiten auch wie folgt darstellen:

WRITELN ("STUNDEN", "␣␣ STD.LOHN", "␣␣␣␣␣␣ LOHN");

Ausgabe von kommentierenden Texten und Daten

Texte und arithmetische Ausdrücke können in einer WRITE-Anweisung vermischt auftreten.

Die allgemeine Form zur Ausgabe von Texten und Daten ist:

WRITE ("Text1", a_1, ..., "Textx", a_x) bzw.
WRITELN ("Text1", a_1, ..., "Textx", a_x)

Die Druckfelder für die Werte der arithmetischen Ausdrücke schließen unmittelbar an die Druckfelder der Texte an.

Die Druckfelder für die Werte der Variablen bzw. arithmetischen Ausdrücke behalten die Größe, die ihnen vom Standard-Spaltenformat bzw. vom programmierten Spaltenformat zugeordnet sind.

Nr.	Aufgabenstellung
1	Für die REAL-Variable mit dem Variablennamen X soll vor der Ausgabe des Wertes im Standard-Spaltenformat (hier z. B. der Wert 1Ø.5) der Text X = ausgegeben werden. Wie lautet die Ausgabeanweisung und wie sieht der Ausdruck aus? Lösung: WRITE ("X=", X) Ausdruck: X= 10.50000 Text Druckfeld für den Wert der Variablen X (20 Druckstellen)
2	Der Wert der Variablen X des obigen Beispiels soll im programmierten Spaltenformat (4 Druckstellen, 1 Nachkommastelle) ausgegeben werden. Wie lautet die Ausgabeanweisung und wie sieht der Ausdruck aus? Lösung: WRITE ("X=", X:4:1) Ausdruck: X=10.5 Text Druckfeld für den Wert der Variablen X (4 Druckstellen davon 1 Nachkommastelle)

Nr.	Aufgabenstellung
3	Eine DVA soll folgenden Ausdruck ausgeben: ZINS: 4.500000 PROZENT Text │ Druckfeld für den Wert der Variablen P │ Text Wie lautet die zugehörige Ausgabeanweisung? **Lösung:** WRITE ("ZINS:", P, "□ PROZENT") Die Leerstelle ⊔ muß im zweiten Text (Prozent) enthalten sein, da zwischen dem Zahlenwert 4.500000 und dem nachfolgenden Text PROZENT zur Trennung eine leere Druckstelle eingefügt wurde.
4	Eine Ausgabeanweisung in einem Programm lautet: WRITE ("DER ⊔ SINUS ⊔ VON", X:8:2," ⊔ GRAD ⊔ IST", SIN (3.14 *X/18∅)) Wie sieht der Ausdruck aus? **Lösung:** DER SINUS VON . GRAD IST Textfeld 1 │ Feld für Werte von X │ Textfeld 2 │ Feld für Werte von SIN (...) Im Feld für Werte von X wird der Dezimalpunkt so liegen, daß bei insgesamt 8 Druckstellen 2 Nachkommastellen frei bleiben. Die noch leeren Stellen werden, je nach Wert der Variablen X, durch Nullen gefüllt. Da Gradzahlen im allgemeinen höchstens dreistellig sind und eventuell noch ein Vorzeichen als 4. Stelle hinzukommt, bleibt mindestens eine Leerstelle zum vorhergehenden Textfeld. Das Textfeld 2 besitzt eine Leerstelle am Anfang zur optischen Trennung zum Wert der Variablen X. Der Ausdruck SIN (3.14 * X/18∅) ist vom Typ REAL. Der Wert dieses Ausdrucks wird im Standard-Spaltenformat ausgegeben, d. h. in einem 20spaltigen Druckfeld in den letzten 8 Druckpositionen. Die Tatsache, daß arithmetische Ausdrücke in Ausgabeanweisungen auftreten dürfen, ist sehr praktisch, denn man erspart sich das Schreiben von zwei Anweisungen, wie z. B. y: = SIN (3.14 * X/18∅); WRITE ("DER ⊔ SINUS ⊔ VON", X:8:2, "⊔ GRAD ⊔ IST", Y) Diese beiden Anweisungen bewirken das gleiche wie die obige Anweisung dieses Beispiels.

9.2.5 Der Zeilenvorschub

Jede WRITELN-Anweisung bewirkt, daß nach Bearbeitung dieser Anweisung durch die DVA der darauf eventuell folgende Ausdruck einer weiteren WRITE- bzw. WRITELN-Anweisung stets in einer neuen Druckzeile erfolgt (vgl. Kap. 9.2.2).

Möchte man zur Gliederung des Ausdruckes *leere* Druckzeilen in das Druckbild einfügen, so genügt allein die Anweisung:

WRITELN

Beispiel:

Geben Sie das Druckbild an, das das folgende Programm erzeugt:

```
PROGRAM ⊔ LS (INPUT, OUTPUT);
VAR ⊔ A, B, C: INTEGER;
BEGIN ⊔   READ (A, B, C);
          WRITELN (A);
          WRITELN (B);
          WRITELN;
          WRITELN (C)
END.
```

Für die Variable A wird der Wert 1, für B der Wert 2 und für C der Wert 3 eingegeben.

Es ergibt sich folgendes Druckbild (Bild 9.10):

⊔⊔⊔⊔⊔⊔⊔⊔1 ———— 1. Druckzeile	
⊔⊔⊔⊔⊔⊔⊔⊔2 ———— 2. Druckzeile	
⊔⊔⊔⊔⊔⊔⊔⊔⊔ ———— 3. Druckzeile	**Bild 9.10**
⊔⊔⊔⊔⊔⊔⊔⊔3 ———— 4. Druckzeile	

In der 1. Druckzeile wird der Wert der Variablen A ausgedruckt. Infolge der Anweisung WRITELN (A) wird die folgende Ausgabe, d. h. der Wert der Variablen B, in der folgenden Zeile ausgegeben. Durch die folgende Ausgabe WRITELN, die weder einen Text noch einen Wert ausgibt, wird eine Leerzeile in der 3. Druckzeile ausgegeben. In der 4. Zeile folgt der Wert der Variablen C.

9.2.6 Steuerung des Schnelldruckers

Bei der Ausgabe über einen Schnelldrucker ist zu beachten, daß das 1. Zeichen der Ausgabe nicht gedruckt, sondern zur Steuerung des Papiervorschubs des Druckers benutzt wird.

Man unterscheidet folgende Vorschubzeichen:

Vorschubzeichen	Bedeutung
1	Vorschub zur 1. Zeile des nächsten Blattes
⊔ (Leerzeichen)	Vorschub um eine Zeile
∅	Vorschub um zwei Zeilen (1 Zeile Zwischenraum)
+	kein Vorschub (Überdrucken des letzten Zeichens)

Wird ein Schnelldrucker zur Ausgabe benutzt, so muß das 1. Zeichen der Ausgabe eines dieser Steuerzeichen enthalten. Besonders häufig wird der Vorschub um eine Zeile vorkommen. Das zugehörige Steuerzeichen ist ein Leerzeichen (symbolisch ⊔). Dies erhält man automatisch, wenn man zum Ausdruck der Werte der Variablen genügend Leerzeichen zum Trennen der Werte vorsieht. Bemißt man die Ausgabefelder zu knapp, so kann es zu überraschenden Ausgabeformaten kommen, da z. B. eine führende Null einen Vorschub um zwei Zeilen bewirkt, eine 1 sogar einen Vorschub zur 1. Zeile des nächsten Blattes.

Es sei jedoch noch einmal darauf hingewiesen, daß diese Steuerzeichen nur für Schnelldrucker gelten. Andere Drucker benötigen keine derartigen Steuerzeichen.

9.3 Zusammenfassung

- Eingabeanweisungen:

  Eingabeanweisungen dienen dazu, Programme mit den erforderlichen Eingabedaten zu versorgen.

  Eingabedaten werden mit Hilfe der READ-Anweisung folgendermaßen eingegeben:

  $$\boxed{\text{READ } (v_1, v_2, ..., v_x)}$$

  Mit Hilfe der READ-Anweisung können beliebig vielen Variablen v_1, v_2, ..., v_x Werte zugewiesen werden.

  Diese Variablen werden, durch Kommas getrennt, in einer „Variablenliste" hinter dem Schlüsselwort READ aufgelistet.

  Die Variablenliste wird in runde Klammern gesetzt.

  Die Reihenfolge der Variablen ist beliebig.

  Die Variablen der Variablenliste müssen nicht in *einer* READ-Anweisung zusammengefaßt sein.

  Die Zahlenwerte (Eingabedaten) werden am Eingabegerät wie Konstanten eingegeben.

  Die einzelnen Zahlenwerte müssen bei der Eingabe mindestens durch ein Leerzeichen (engl.: blank) getrennt werden.

- Ausgabeanweisungen:

  - Die WRITE-Anweisung

    Ausgabeanweisungen dienen dazu, Daten programmgesteuert auszugeben.

    Daten werden mit Hilfe der WRITE-Anweisung folgendermaßen ausgegeben:

    $$\boxed{\text{WRITE } (a_1, a_2, ..., a_x)}$$

    Mit Hilfe des Schlüsselwortes WRITE wird der DVA mitgeteilt, daß Daten ausgegeben werden sollen.

    Die arithmetischen Ausdrücke a_1, ..., a_x, deren Werte ausgegeben werden sollen, werden in einer in Klammern gesetzten Liste hinter dem Schlüsselwort WRITE aufgelistet.

    Die Liste kann eine beliebige Anzahl von arithmetischen Ausdrucken enthalten.

    Sie werden durch Kommata voneinander getrennt.
    Ihre Reihenfolge ist beliebig.
    Die arithmetischen Ausdrücke der Liste müssen nicht in *einer* WRITE-Anweisung zusammengefaßt sein.

  - Die WRITELN-Anweisung

    Die Ausgabeanweisung

    $$\boxed{\text{WRITELN } (a_1, a_2, ..., a_x)}$$

    wirkt wie eine WRITE-Anweisung mit dem Unterschied, daß mit der Ausgabe des Wertes des letzten arithmetischen Ausdruckes a_x die Ausgabe einer Zeile abgeschlossen wird.

— Das Standard-Spaltenformat
  Die Ausgabeanweisungen

> WRITE $(a_1, a_2, ..., a_x)$ und
> WRITELN $(a_1, a_2, ..., a_x)$

bewirken eine Ausgabe im Standardspaltenformat. Die Zahl der Druckstellen für die Druckfelder der Zahlenwerte wird automatisch von der DVA standardmäßig festgelegt.

● Das programmierte Spaltenformat

Mit Hilfe des programmierten Spaltenformats kann die Größe des Gesamtdruckfeldes für

— Werte von REAL-Variablen und
— Werte von INTEGER—Variablen

auch vom Programm her genau festgelegt werden.

Einschränkend gilt jedoch, daß die Werte von REAL—Variablen dabei nur in ihrer Dezimalschreibweise festgelegt werden können.

Die WRITE-Anweisung zur Ausgabe im programmierten Spaltenformat hat folgende allgemeine Form:

> WRITE $(a_1:w_1:d_1, a_2:w_2:d_2, ..., a_x:w_x:d_x)$ für REAL-Variable
> WRITE $(a_1:w_1, a_2:w_2, ..., a_x:w_x)$ für INTEGER-Variable

Die Liste der x arithmetischen Ausdrücke $a_1, a_2, ..., a_x$ wird ergänzt durch Angaben zum programmierten Spaltenformat:

Jedem arithmetischen Ausdruck der Liste wird, getrennt durch einen Doppelpunkt, die gewünschte Gesam*tzahl* w des Druckfeldes zugeordnet.

Sind die Werte der arithmetischen Ausdrücke vom Typ REAL, so ist, durch Doppelpunkte getrennt von der Gesamtzahl w der Druckstellen, die Zahl der gewünschten Druckstellen d *nach* dem Dezimalpunkt anzugeben.

● Kommentierende Texte

Kommentierende Texte können mit Hilfe der WRITE-Anweisung ausgegeben werden. Die allgemeine Form zur Ausgabe von festen Texten ist:

> WRITE ("Text")   bzw.
> WRITELN ("Text")

Der Text darf aus beliebigen Zeichen des PASCAL-Zeichenvorrats bestehen und ist in Anführungszeichen (" ") zu setzen. Die allgemeine Form zur Ausgabe von x festen Texten ist:

> WRITE ("Text 1", "Text 2", ..., "Text x")   bzw.
> WRITELN ("Text 1", "Text 2", ..., "Text x")

Texte und arithmetische Ausdrücke können in einer WRITE-Anweisung vermischt auftreten.

Die allgemeine Form zur Ausgabe von Texten und Daten ist:

WRITE ("Text 1", a_1, ..., "Text x", a_x)

bzw.

WRITELN ("Text 1", a_1, ..., "Text x", a_x)

Die Druckfelder für die Werte der arithmetischen Ausdrücke schließen sich unmittelbar an die Druckfelder der Texte an.

Die Druckfelder für die Werte der arithmetischen Ausdrücke behalten die Größe, die ihnen vom Standardspaltenformat bzw. vom programmierten Spaltenformat zugeordnet sind.

- Zeilenvorschub

  Möchte man zur Gliederung des Ausdruckes *leere* Druckzeilen in das Druckbild einfügen, so genügt allein die Anweisung

WRITELN

- Steuerung des Schnelldruckers

  Bei der Ausgabe über einen Schnelldrucker ist zu beachten, daß das erste Zeichen der Ausgabe nicht gedruckt, sondern zur Steuerung des Papiervorschubs des Druckers benutzt wird.

9.4 Übungsaufgaben

Die Lösungen der Übungsaufgaben befinden sich in Kap. 14.

Aufgabe 9.1

Schreiben Sie ein Programm zur Berechnung der Gleichung

$y = ax^2 + bx + c$

für a = 5; b = − 3,5; c = 0,6 und x = 3

Die Eingabe der Werte soll erfolgen:

- mit Hilfe von arithmetischen Zuordnungsanweisungen,
- mit Hilfe der READ-Anweisung.

Der Wert von y soll im Standardspaltenformat ausgedruckt werden.

Aufgabe 9.2

Sind folgende Eingabeanweisungen richtig aufgebaut?

Nr.	PASCAL-Eingabeanweisung	Ja	Nein
1	READ A_1, A_2, A_3	0	0
2	READ (C, P3, A5)	0	0
3	READ (A [B], C [I+2])	0	0
4	REAL (X, Y)	0	0
5	READ [R, S, T, U]	0	0

Aufgabe 9.3

Geben Sie auf kariertem Papier das Druckbild folgender Ausgabeanweisungen in der angegebenen Reihenfolge an. Jedes Karo soll dabei eine mögliche Druckstelle symbolisieren.

```
WRITELN ("BEISPIELE ⊔ FUER", "⊔ AUSGABEANWEISUNGEN");
WRITELN;
WRITELN;
WRITELN ("⊔⊔⊔⊔X⊔⊔⊔⊔⊔", "⊔⊔⊔⊔Y⊔⊔⊔⊔⊔", "⊔⊔⊔⊔Z");
WRITELN
WRITELN (1, 22, 333);
WRITE (7 :1, 1234 : 6, 45 : 7);
WRITELN (123:7);
WRITELN;
WRITELN ("BETRAG:⊔⊔", 1000," ⊔⊔⊔⊔⊔⊔⊔⊔⊔⊔⊔", "SUMME=⊔⊔", 100);
WRITELN ("BETRAG:", 1000:5, "⊔⊔⊔ SUMME=", 100:4);
WRITELN ("BETRAG:", 1000:5, "⊔⊔⊔ DM")
```

Aufgabe 9.4

Man schreibe eine Ausgabeanweisung, die folgenden Text druckt:

PASCAL ist eine problemorientierte Programmiersprache.

10 Steueranweisungen

In einem PASCAL-Programm werden die Anweisungen der Reihe nach ausgeführt (vgl. 5.1). Somit liegt die Bearbeitungsfolge der Anweisungen schon vor dem Programmablauf fest. Oft ist es jedoch wünschenswert, den Programmablauf in Abhängigkeit von berechneten oder eingegebenen Werten steuern zu können.

Man unterscheidet dabei folgende Steueranweisungen:

- Beginn- und Beendungsanweisungen
- Sprunganweisungen
- Programmverzweigungsanweisungen
- Schleifenanweisungen

10.1 Beginn- und Beendungsanweisungen

Ein Anweisungsteil mit einer Folge von Anweisungen, die in der Reihenfolge ausgeführt werden sollen, wie sie aufeinanderfolgen, muß mit dem Wortsymbol BEGIN anfangen und mit dem Wortsymbol END enden.

BEGIN und END dienen somit als Klammer für den Anweisungsteil (vgl. Kap. 5.1.1).

Die einzelnen Anweisungen innerhalb der durch BEGIN und END begrenzten Anweisungsfolge werden durch Semikolons getrennt.

Somit ergibt sich für eine Folge von Anweisungen folgende allgemeine Form (vgl. Kap. 5.1.1):

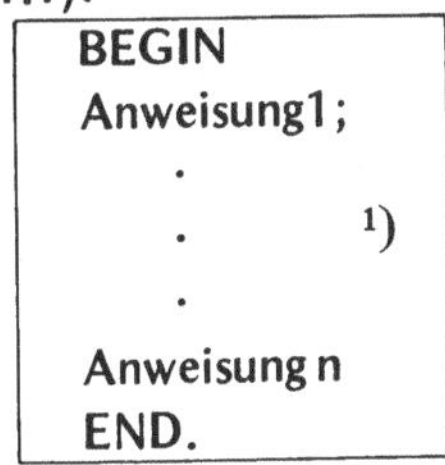

Zwischen BEGIN und der 1. Anweisung sowie der letzten Anweisung und END steht *kein* Semikolon, da Semikolons nur zur Trennung der Anweisungen untereinander dienen.

Die Wortsymbole BEGIN und END treten *mindestens* einmal im Programm auf. Sie können in einem Programm auch mehrfach auftreten, um die Zusammengehörigkeit einer bestimmten Folge von Anweisungen *innerhalb* des Anweisungsblockes festzulegen (vgl. Kap. 10.3.1, 10.3.2, 10.4.1, 10.4.3).

Das Programm selbst wird durch einen Punkt abgeschlossen.

---

1) Die Punkte stellen symbolisch weitere Anweisungen dar.

10.2 Sprunganweisung

Die Ausführung einer Sprunganweisung führt zu einer unbedingten Programmverzweigung. Sie wird immer dann benutzt, wenn von einer Anweisung im Programm ohne jede einschränkende Bedingung zu einer anderen Anweisung im Programm gesprungen werden soll. Als Sprungziel wird die Anweisungsnummer dieser Anweisung angegeben. Nach erfolgtem Sprung wird das Programm *linear* weiter abgearbeitet, bis gegebenenfalls eine andere Steueranweisung die Reihenfolge ändert.

Die Sprunganweisung hat die Form:

> GOTO n

Hierbei ist:

- GOTO das Schlüsselwort der unbedingten Sprunganweisung und
- n das Sprungziel der unbedingten Sprunganweisung.

Die unbedingte Sprunganweisung bewirkt, daß das Programm mit der Anweisung der Anweisungsnummer n fortgesetzt wird.

Die Anweisungsnummer wird, durch einen Doppelpunkt von der Anweisung getrennt, vor die gewünschte Anweisung geschrieben, an der das Programm nach dem Sprung mit der Bearbeitung fortfahren soll.

Jede verwendete Anweisungsnummer (engl.: label) muß der DVA im Anweisungsnummernvereinbarungsteil (vgl. Kap. 7.2.1) des Programmes mitgeteilt werden.

> **Diese sog. LABEL-Erklärung hat die allgemeine Form:**
> LABEL n;

Beispiele für den Einsatz einer Sprunganweisung:

1. Beispiel für einen Vorwärtssprung:

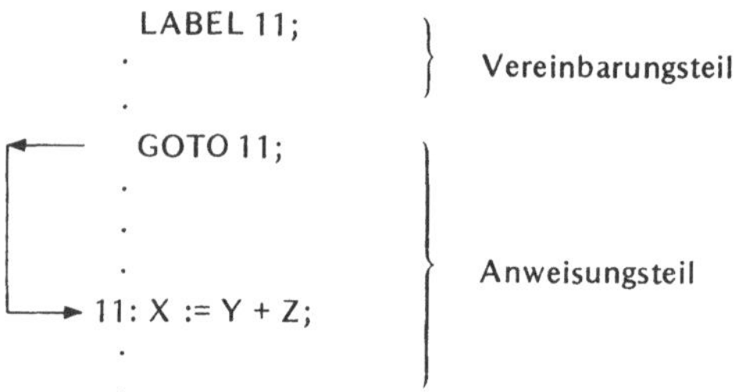

In diesem Ausschnitt eines Programmbeispieles, in dem einige Anweisungen durch Punkte symbolisch dargestellt wurden, wird gezeigt, daß mit Hilfe der unbedingten Sprunganweisung ein Programmteil übersprungen werden kann. In dem dargestellten *Vorwärtssprung* werden nach dem Befehl GOTO 11 drei Anweisungen übersprungen. Das Programm wird dann mit der Anweisung der Anweisungsnummer 11, d. h. mit der Anweisung X := Y + Z, fortgesetzt.

Mit Hilfe der unbedingten Sprunganweisung kann ein Programmteil übersprungen werden.

Das Sprungziel kann jedoch auch vor der unbedingten Sprunganweisung liegen. Man spricht dann von einem *Rücksprung*.

2. Beispiel für einen Rücksprung:

```
    LABEL 5;
       .
       .
  ┌──► 5: X := Y + Z;
  │    .
  │    .
  └──── GOTO 5;
       .
       .
```

Das Programmstück zwischen den beiden ausgeschriebenen Anweisungen wird immer wieder durchlaufen. Auf diese Weise kann man also eine *Programmschleife* bilden.

Mit Hilfe eines Rücksprungs kann eine Programmschleife gebildet werden.

In diesem Beispiel wird die Programmschleife endlos lange durchlaufen. Um zu erreichen, daß eine Schleife nur endlich oft durchlaufen wird, muß in Abhängigkeit von einer Bedingung aus der Schleife herausgesprungen werden. Dies kann z. B. durch Programmverzweigungsanweisungen (vgl. 10.3) geschehen.

Die Sprunganweisung sollte nur in ungewöhnlichen Situationen verwendet werden, da die Struktur eines Programmes durch Verwendung vieler Hin- und Rücksprünge unübersichtlich wird und sich dadurch leicht Programmierfehler in das Programm einschleichen können.

In der Programmiersprache PASCAL sind im Gegensatz zu anderen Programmiersprachen wie FORTRAN, BASIC usw. im allgemeinen keine Sprunganweisungen nötig, da eine reiche Auswahl anderer Steueranweisungen vorhanden ist.

PASCAL erlaubt somit eine *strukturierte Programmierung* (vgl. Kap. 4.2). Programme in PASCAL, die Sprungbefehle enthalten, zeigen meist, daß der Programmierer noch nicht strukturiert denken kann. In den vollständig programmierten Beispielen am Ende dieses Buches (vgl. Kap. 13) wird gezeigt, daß i. a. alle Programme auch ohne Sprungbefehle geschrieben werden können.

10.3 Programmverzweigungsanweisungen

Programmverzweigungsanweisungen bieten die Möglichkeit, das Programm in Abhängigkeit bestimmter Bedingungen zu verzweigen.

PASCAL kennt drei Formen von Programmverzweigungsanweisungen:

- Einseitige Programmverzweigungsanweisungen;
- Zweiseitige Programmverzweigungsanweisungen;
- Mehrfachverzweigungsanweisungen.

Sie sollen im folgenden näher besprochen werden.

10.3.1 Einseitige Programmverzweigungsanweisung

In der Umgangssprache wird die Programmverzweigungsanweisung in Form einer Wennanweisung formuliert.

- Umgangssprache:
  Wenn die Bedingung *B* erfüllt ist, *dann* soll die Operation *O* ausgeführt werden.

- Programmiersprachen verkürzen dies im allgemeinen wie folgt:
  IF B THEN O

Die *Verzweigungsbedingung B* muß in PASCAL durch einen *Vergleich* zweier arithmetischer Ausdrücke wie folgt beschrieben werden:

$$a_1 \oplus a_2$$

Hierbei sind a_1 und a_2 die zu vergleichenden arithmetischen Ausdrücke und $\oplus$ das Symbol des Vergleichsoperators.

PASCAL kennt sechs Vergleichsoperatoren.

Mathematisches Symbol	PASCAL	Deutsche Sprechweise
$<$	$<$	kleiner als
$\leqslant$	$<=$	kleiner gleich
$=$	$=$	gleich
$\geqslant$	$>=$	größer gleich
$>$	$>$	größer
$\neq$	$<\,>$	ungleich

In dem Vergleichsausdruck $a_1 \oplus a_2$ muß das *allgemeine* Symbol $\oplus$ für den Vergleichsoperator durch einen dieser sechs *speziellen* Vergleichsausdrücke ersetzt werden.

Beispiele für Vergleichsausdrücke:

Mathematische Schreibweise	PASCAL	Deutsche Sprechweise
$a < b$	$A < B$	a kleiner als b
$d \geqslant e$	$D > = E$	d größer gleich e
$f \neq g + h$	$F < > G + H$	f ungleich g + h

In der Rangfolge der Operatoren folgen die Vergleichsoperatoren den arithmetischen Operatoren + und −.

Die Operation O, die bei der Erfüllung der Bedingung B ausgeführt werden soll, ist eine *beliebige* andere PASCAL-Anweisung (d. h. nicht unbedingt nur eine arithmetische Anweisung).

Die Programmverzweigungsanweisung hat somit in PASCAL die Form:

> **IF $a_1 \oplus a_2$ THEN Anweisung**

Hierbei ist:

IF   zusammen mit THEN das Schlüsselwort der einseitigen Programmverzweigungsanweisung

a_1, a_2 die zu vergleichenden arithmetischen Ausdrücke

$\oplus$ das Symbol des Vergleichsoperators

Die Programmverzweigungsanweisung erlaubt somit eine Programmverzweigung in Abhängigkeit von dem Wahrheitswert eines Vergleichsausdrucks.

Ist der Wahrheitswert des Vergleichsausdruckes $a_1 \oplus a_2$ wahr (die Bedingung ist erfüllt), dann wird die Anweisung, die auf das Schlüsselwort THEN folgt, ausgeführt. Anschließend wird das Programm mit der nächsten Anweisung, die im Programm folgt, fortgesetzt.

Ist die Bedingung nicht erfüllt, so wird das Programm sofort mit der nächsten folgenden Anweisung fortgesetzt.

Die Programmverzweigungsanweisung stellt sich in allgemeiner Form im Programmablaufplan wie folgt dar:

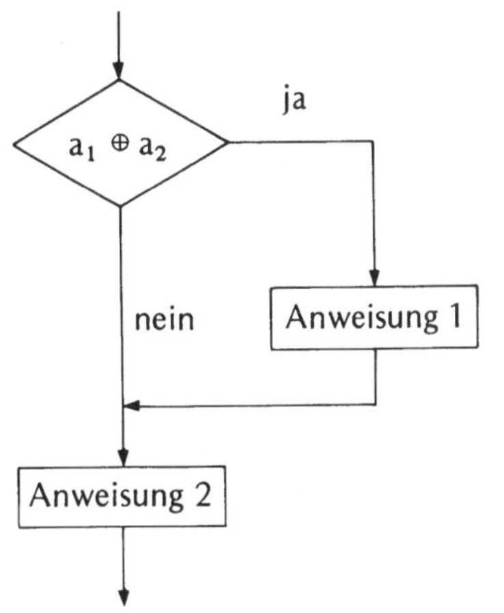

ja = die Bedingung ist
erfüllt

nein = die Bedingung ist
nicht erfüllt

Innerhalb eines Struktogrammes müßte diese Verzweigung folgendermaßen dargestellt werden.

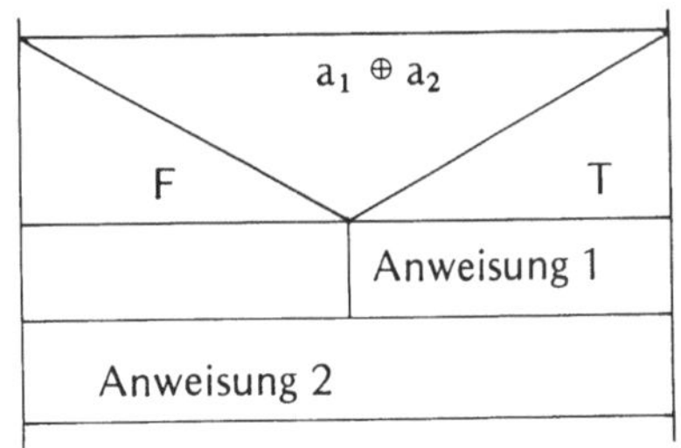

F = FALSE = die Bedingung
ist nicht erfüllt

T = TRUE = die Bedingung
ist erfüllt

Beide grafischen Darstellungen zeigen, daß es sich hierbei um eine *einseitige* Programmverzweigungsanweisung handelt, denn es wird nur in einem Zweig eine spezielle Anweisung ausgeführt.

Beispiele für einseitige Programmverzweigungsanweisungen:

Nr.	Programmverzweigungsanweisungen
1	IF A = 1Ø THEN B := C + D
2	IF B > = C + D THEN E := F * G
3	IF D 1 + D 2 < A THEN Q := 1Ø

Die Programmverzweigungsanweisung wird gern zur Überprüfung von Sonderfällen verwendet. Ein Beispiel dafür bietet die Gleichung

$$X = \frac{B}{A}$$

Ein Sonderfall, die Devision durch Null, muß ausgeschlossen werden. d. h. die Gleichung gilt nur für $A \neq \emptyset$. Dies läßt sich mit Hilfe einer Programmverzweigungsanweisung wie folgt lösen:

IF A $<>$ $\emptyset$ THEN X := B/A

Die Anweisung, die auf das Schlüsselwort THEN folgt, kann auch eine ganze Anweisungsfolge sein. Sie muß allerdings durch BEGIN und END eingeschlossen sein (vgl. Kap. 10.1). Die Anweisungen der Anweisungsfolge sind durch Semikolons zu trennen.

Beispiel für eine Programmverzweigungsanweisung, bei der die Anweisung bei erfüllter Bedingung aus einer Folge von Anweisungen besteht:

IF A $<$ = B THEN BEGIN C := D + E; F:= G $*$ H END

10.3.2 Zweiseitige Programmverzweigungsanweisung

Soll auch in dem zweiten Programmzweig eine bestimmte Anweisung ausgeführt werden, so muß man die *zweiseitige* Form der Programmverzweigungsanweisung wählen, die folgende allgemeine Form aufweist:

> IF $a_1 \oplus a_2$ THEN Anweisung 1 ELSE Anweisung 2

Diese Form gleicht der einseitigen Form bis zum Schlüsselwort ELSE und der Anweisung 2.

Anweisung 1 wird ausgeführt, wenn die Bedingung $a_1 \oplus a_2$ erfüllt ist, Anweisung 2 hingegen, wenn die Bedingung nicht erfüllt ist. Danach wird das Programm mit der nächsten im Programm folgenden Anweisung fortgesetzt.

Außerdem kann jede der beiden Anweisungen eine in BEGIN und END eingeschlossene Anweisungsfolge sein. Die Anweisungen in der Anweisungsfolge sind durch Semikolons zu trennen.

Beispiele für die zweiseitige Programmverzweigungsanweisung:

Nr.	Programmverzweigungsanweisung
1	IF A = 1$\emptyset$ THEN B := C + D ELSE B := C $*$ D
2	IF B $<$ = C $*$ D THEN Q := MAX ELSE Q := MIN
3	IF A $<>$ 1$\emptyset$ THEN BEGIN C := D + E; F := G + H END 　　　　ELSE BEGIN C := D $*$ E; F := G $*$ H END[1]

Im Programmablaufplan bzw. Struktogramm hat die zweiseitige Programmverzweigungsanweisung folgendes Aussehen (allgemeine Form):

---

[1] Das Semikolon dient zum *Trennen aufeinanderfolgender* Anweisungen. Wenn nur eine einzige Anweisung in den Zweigen vorhanden ist, ist kein Semikolon erlaubt. Vor dem Wortsymbol ELSE und END darf nie ein Semikolon stehen.

Programmablaufplan   Struktogramm

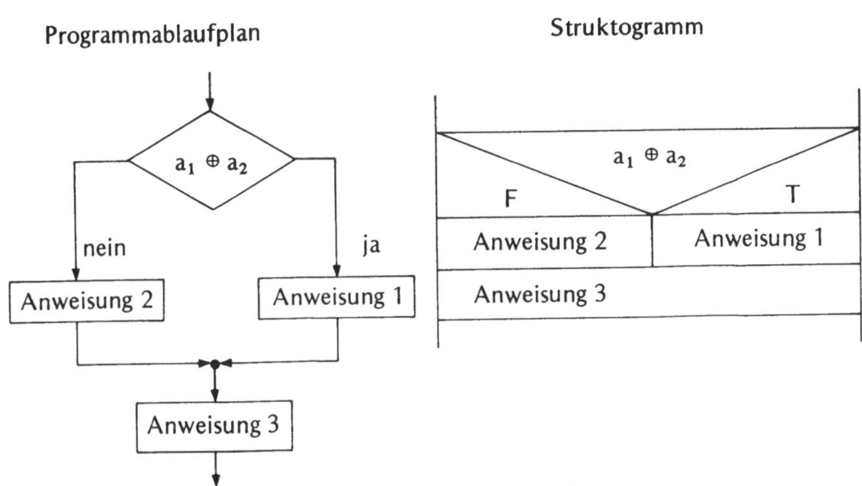

Diese Bilder zeigen deutlich, daß es sich hier um eine zweiseitige Programmverzweigungsanweisung handelt, denn es werden in beiden Ästen der Verzweigung spezielle Anweisungen
durchgeführt.

**Es kann in jedem der beiden Zweige der Programmverzweigungsanweisung (THEN-Zweig
und ELSE-Zweig) jede** *beliebige* **PASCAL-Anweisung stehen (d. h. nicht nur arithmetische
Zuordnungsanweisungen).**

Beispiel:
Eine Ineinanderschachtelung von Verzweigungen wird in Form eines Programmablaufplanes bzw. als
Struktogramm gezeigt. Dies soll in die Programmiersprache PASCAL umgesetzt werden.

Programmablaufplan   Struktogramm:

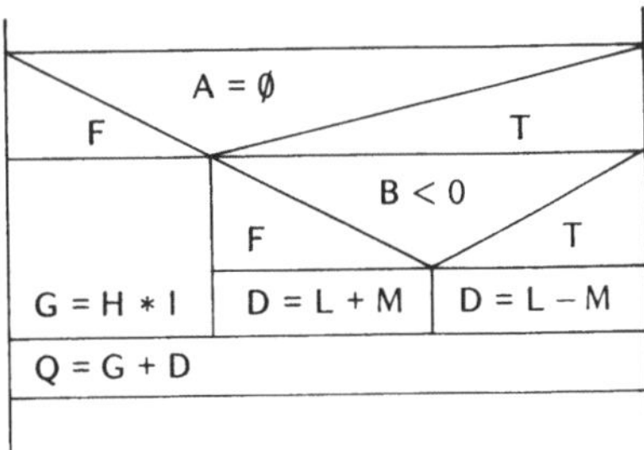

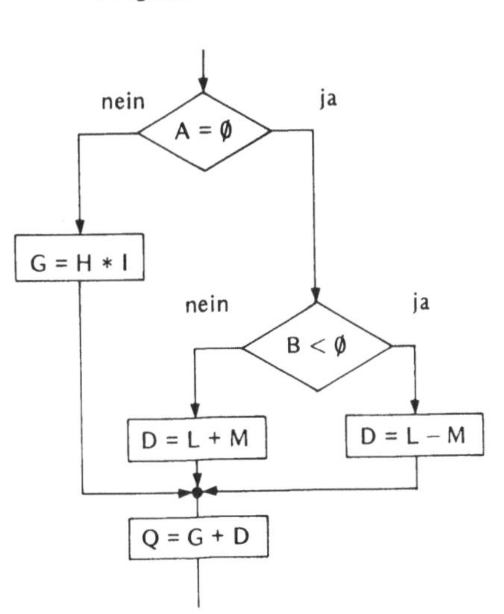

Der zugehörige Programmteil lautet in PASCAL:

IF A = $\emptyset$ THEN IF B < $\emptyset$ THEN D := L – M ELSE D := L + M ELSE G := H * I;
Q := G + D

Dies läßt sich auch übersichtlicher schreiben, indem man die einzelnen Zweige zeilenweise so versetzt schreibt, daß die Alternativen einer Bedingung (THEN/ELSE) übereinanderstehen, wie es der folgende Programmteil zeigt.

IF A = $\emptyset$
        THEN IF B < $\emptyset$
                        THEN D := L – M
                        ELSE D := L + M
            ELSE G := H * I;
    Q := G + D

10.3.3 Mehrfachverzweigungsanweisung

Wird eine Programmverzweigungsanweisung mit mehreren Alternativen benötigt, so kann die CASE-Anweisung benutzt werden.

Die Mehrfachverzweigungsanweisung (Fallunterscheidung, CASE-Anweisung) hat folgende allgemeine Form:

```
CASE a OF
  1: Anweisung 1;
  2: Anweisung 2;
  :
  i: Anweisung i;
  :
  n: Anweisung n;
END
```

Hierbei ist:

CASE: in Verbindung mit OF und END das Schlüsselwort der CASE-Anweisung;

a   ein arithmetischer Ausdruck;

1 bis n   Verzweigungsmarken (ganzzahlige Konstanten) der verschiedenen Fälle;

Anweisung 1 bis n   beliebige PASCAL-Anweisungen.

Die Verzweigungsmarken sind von den zugehörigen Anweisungen durch Doppelpunkte zu trennen.

Die Anweisungen der vorhandenen Fälle sind durch Semikolons zu trennen.

Ergibt die Auswertung des arithmetischen Ausdrucks a den Wert i, so wird die mit i bezeichnete Verzweigungsmarke gewählt und die zugehörige Anweisung i ausgeführt.

Zu allen Werten, die sich aus dem arithmetischen Ausdruck a ergeben können, müssen Verzweigungsmarken existieren.

Damit keine Doppeldeutigkeiten auftreten, darf eine bestimmte Verzweigungsmarke nur einmal in jeder CASE-Anweisung auftreten.

Nachdem die Mehrfachverzweigungsanweisung ausgeführt ist, wird das Programm mit der Anweisung fortgesetzt, die auf das Wortsymbol END folgt.

Beispiel:
Folgende in Form eines Struktogrammes angegebene Mehrfachverzweigung soll in PASCAL dargestellt werden:

		$I =$	
1	2	3	4
A = B + C	A = B − C	A = B * C	A = B/C

Das zugehörige PASCAL-Programm lautet:

```
CASE I OF
    1: A := B + C;
    2: A := B − C;
    3: A := B * C;
    4: A := B/C;
END
```

10.4 Schleifenanweisungen

Eine Schleife ist eine Folge von mehrfach zu durchlaufenden Anweisungen.

Eine Schleifenanweisung bewirkt, daß eine Folge von Anweisungen mehrfach durchlaufen werden.

Programmschleifen lassen sich zwar schon mit Hilfe der geschilderten Sprung- und Programmverzweigungsanweisungen aufbauen (vgl. 10.2 bis 10.3). Eleganter ist jedoch die Verwendung spezieller Schleifenanweisungen.

Dadurch erübrigen sich in fast allen Fällen Sprunganweisungen. PASCAL stellt drei Schleifenanweisungen zur Verfügung:

- Die FOR-Schleifenanweisung;
- Die REPEAT-Schleifenanweisung;
- Die WHILE-Schleifenanweisung;

Diese drei Schleifenanweisungen sollen der Reihe nach näher besprochen werden.

10.4.1 Die FOR-Schleifenanweisung

Die FOR-Schleifenanweisung wird vorteilhaft verwendet, wenn die *Anzahl* der Schleifendurchläufe von einem Anfangs- bis zu einem Endwert vor der Ausführung des Programmes bekannt ist.

Zwei Arten von FOR-Schleifenanweisungen sind möglich. Sie haben folgende allgemeine Form:

$$\text{FOR } V := a_1 \text{ TO } a_2 \text{ DO Anweisung}$$
$$\text{FOR } V := a_2 \text{ DOWNTO } a_1 \text{ DO Anweisung}$$

Hierbei sind:

- FOR, TO bzw. DOWNTO, sowie DO die Schlüsselworte der FOR–Schleifenanweisung;
- V eine Zählvariable (Laufvariable), die dazu dient, die Schleifendurchläufe zu zählen;
- a_1, a_2 arithmetische Ausdrücke (im einfachsten Fall Konstanten);
  Der *Anfangswert* (untere Grenze des Laufbereiches) wird durch den arithmetischen Ausdruck a_1 festgelegt,
  der *Endwert* (obere Grenze des Laufbereiches) durch den arithmetischen Ausdruck a_2.
- Die Anweisung kann *eine* beliebige PASCAL-Anweisung sein.

Die Anweisung, die auf das Schlüsselwort DO folgt, wird für alle Werte, die die Zählvariable V schrittweise annimmt, wiederholt.

Die Zählvariable darf nicht als REAL-Größe vereinbart werden.

Die Grenzen der Zählvariablen werden durch die beiden arithmetischen Ausdrücke a_1 und a_2 festgelegt.

Bei der Anweisung: FOR V := a_1 TO a_2 DO Anweisung

durchläuft die Zählvariable V alle ganzzahligen Werte, beginnend beim Wert, den a_1 annimmt in *steigender* Folge, bis einschließlich dem Wert, den a_2 einnimmt (für $a_1 < a_2$).

Falls der Wert, den a_1 annimmt, *gleich* dem Wert von a_2 ist, wird die Anweisung *einmal* ausgeführt.

Falls der Wert, den a_1 annimmt, *größer* als der Wert von a_2 ist, so wird die Anweisung *nicht* ausgeführt.

Um diese Fälle unterscheiden zu können, werden die Ausdrücke a_1 und a_2 von der DVA vor der Ausführung der Anweisung ausgewertet.

Bei der Anweisung: FOR V := a_2 DOWNTO a_1 DO Anweisung

durchläuft die Zählvariable V alle ganzzahligen Werte, beginnend beim Wert, den a_2 annimmt, in *fallender* Folge, bis einschließlich dem Wert, den a_1 annimmt (für $a_1 < a_2$).

Für $a_1 = a_2$ bzw. $a_1 > a_2$ gilt entsprechendes wie bei der steigenden Folge der Werte der Zählvariablen V.

Nach Beendigung der FOR-Anweisung ist der Wert der Zählvariablen nicht definiert.

Es können auch *mehrere* Anweisungen mit Hilfe der FOR-Schleifenanweisung durchlaufen werden. Zu diesem Zweck wird an die Stelle der einen Anweisung in der bislang bekannten allgemeinen Form die gewünschte Anweisungsfolge angegeben. Zusätzlich ist zu beachten, daß die Anweisungsfolge am Anfang und am Ende durch die Wortsymbole BEGIN und END begrenzt wird. Dadurch wird eindeutig festgelegt, welche Anweisungen zum Schleifenbereich gehören. Die einzelnen Anweisungen innerhalb des Schleifenbereiches müssen durch Semikolons getrennt werden.

Für eine Anweisungsfolge (Anweisung 1 bis n), die in einer Schleife mehrfach durchlaufen werden soll, ergibt sich folgende allgemeine Form für den Fall *steigender* Werte der Zählvariablen V:

FOR V := a_1 TO a_2 DO BEGIN Anweisung 1;...; Anweisung n END

Falls es zu viele Anweisungen für eine Zeile sind oder die Übersichtlichkeit leidet, läßt sich die Anweisung z. B. auch folgendermaßen aufbauen:

```
FOR V := a₁ TO a₂ DO
    BEGIN  Anweisung 1 ;
         .                ;
         .                ;
         .                ;
            Anweisung n ;
    END
```

Entsprechendes gilt für die Form mit *fallenden* Werten der Zählvariablen V.

In einem Programm ist die Anzahl der FOR-Schleifenanweisungen nicht begrenzt.

Der Wert der Laufvariablen V, sowie die Werte der arithmetischen Ausdrücke a_1 und a_2 dürfen nicht durch Anweisungen innerhalb des Laufbereiches verändert werden.

Innerhalb einer Schleife ist es z. B. verboten, die Laufvariable V durch eine Anweisung wie z. B. $V := V + 1$ zu verändern.

Beispiel:
Es soll die Summe der ganzen Zahlen von 1 bis 20 gebildet werden.
Programmablaufplan:

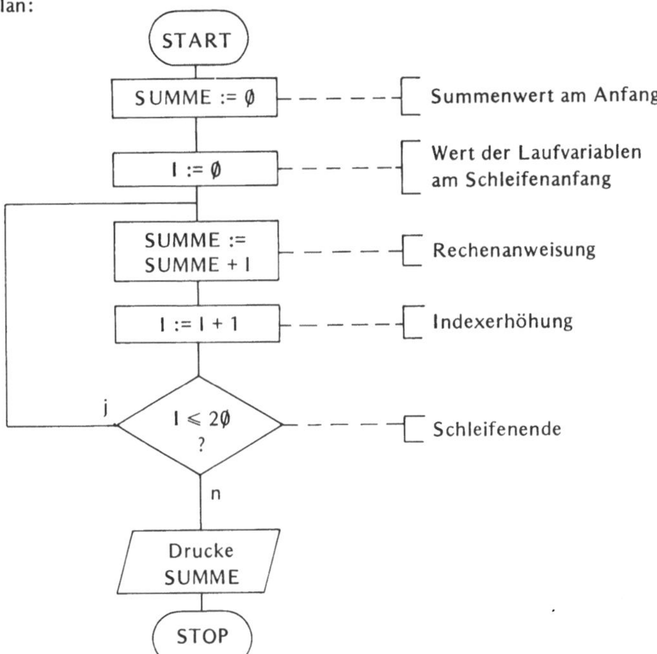

Erklärung:
Zunächst müssen die Anfangswerte gesetzt werden. So wird zunächst der Inhalt der Speicherzelle, in der die Summen nach jedem Schleifendurchlauf abgespeichert werden, Null gesetzt, damit Werte, die vorher möglicherweise in der Speicherzelle standen, das Ergebnis nicht verfälschen können (SUMME := 0).

Außerdem wird der Anfangswert der Laufvariablen I auf den ersten ganzzahligen Wert, der zur Summe beiträgt, festgelegt (I := 1).

Es erfolgt anschließend die erste Rechnung: SUMME = $\emptyset$ + 1. Darauf folgt die erste Indexerhöhung, die sich aus I = I + 1 mit den vorgegebenen Werten zu I = 1 + 1 = 2 ergibt. Durch eine Abfrage, ob I $\leqslant$ 2$\emptyset$ ist, wird der Index I überprüft. Ist der Wahrheitswert wahr, wird die zweite Rechnung SUMME = 1 + 2 ausgeführt usw.. Die Schleife wird solange durchlaufen, bis I > 20 wird. Dann wurden alle ganzen Zahlen einschließlich 20 aufaddiert und die Summe kann gedruckt werden.

Es gibt kein genormtes Sinnbild für Schleifen bei der Darstellung mit Hilfe von Programmablaufplänen. Daher müssen hier Schleifen mit Hilfe von Verzweigungsanweisungen und Sprunganweisungen aufgebaut werden. Dies sollte jedoch gerade bei der Programmierung in PASCAL vermieden werden. An dieser Stelle wurde dennoch diese Form gezeigt, da sie die Programmschleife nachvollziehbar macht.

Im weiteren Verlauf werden jedoch Schleifen in Form von Struktogrammen dargestellt. Für das gleiche Beispiel ergibt sich folgendes Struktogramm:

Struktogramm:

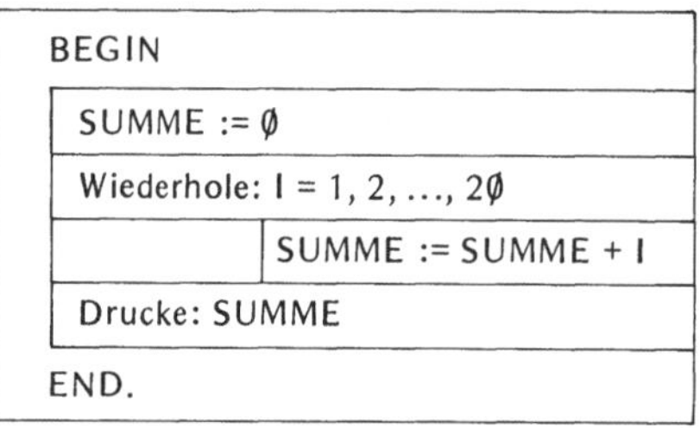

Das Struktogramm ist deutlich einfacher und übersichtlicher als der Programmablaufplan.

Die PASCAL-Schleifenanweisung folgt dem Aufbau des Struktogrammes, wie es das folgende vollständige Programm zeigt.

```
PROGRAM SCHLEIFE (OUTPUT);
VAR SUMME, I: INTEGER;
BEGIN SUMME := Ø;
      FOR I := 1 TO 2Ø DO SUMME := SUMME + I;
      WRITELN (SUMME)
      END.
```

Das Programm benötigt keine *Eingabe*daten. Daher braucht INPUT im Programmkopf nicht angegeben werden. Es genügt OUTPUT.

Es können mehrere Schleifenanweisungen geschachtelt werden. Die innere Schleife muß dabei vollständig in der äußeren Schleife liegen. Die maximale Anzahl der ineinander geschachtelten Schleifen ist abhängig von der jeweiligen DVA und ist aus den Herstellerhandbüchern zu entnehmen.

Beispiel:

Es soll eine Seite in Bereiche eingeteilt werden, wie es Bild 10.1 zeigt.

Es sollen in der 1. Druckzeile zunächst 9 Leerzeichen und dann 1 Stern gedruckt werden. Dies soll in der gleichen Druckzeile noch zweimal wiederholt werden (insgesamt dreimal). Das sich ergebende Druckbild soll für die folgenden 19 Zeilen wiederholt werden (insgesamt zwanzig Druckzeilen).

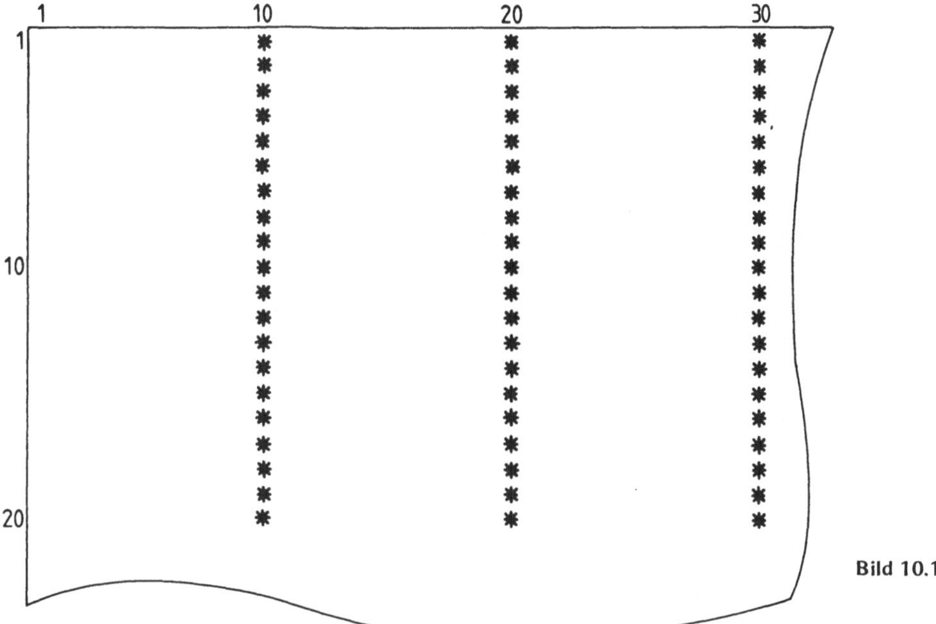

Bild 10.1

Definiert man für die Leerzeichen eine Variable L, für die Zahl der Bereiche eine Variable B und für die Zahl der Zeilen eine Variable Z, so läßt sich diese Aufgabenstellung mit Hilfe eines Struktogrammes folgendermaßen formulieren:

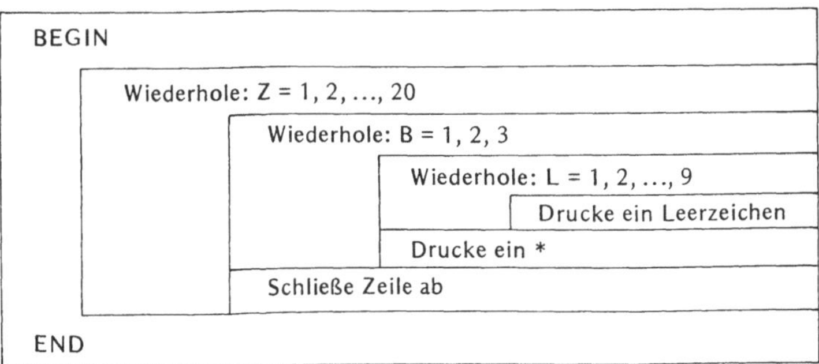

Das PASCAL—Programm folgt dem Aufbau des Struktogrammes.

```
PROGRAM BEREICHE (OUTPUT);
VAR Z, B, L: INTEGER;
BEGIN FOR Z := 1 TO 2Ø DO
   BEGIN FOR B := 1 TO 3 DO
      BEGIN FOR L := 1 TO 9 DO WRITE ('⊔');
            WRITE ('*')
      END;
      WRITELN
   END
END.
```

10.4.2 Die REPEAT-Schleifenanweisung

Die REPEAT-Schleifenanweisung wird eingesetzt, wenn die Anzahl der Schleifendurchläufe vor dem Programmlauf nicht genau festliegen, sondern vom Erfüllen einer Bedingung
abhängig gemacht werden.

Die REPEAT-Schleifenanweisung hat folgende allgemeine Form für die in der Schleife liegenden Anweisungen 1 bis n:

```
REPEAT  Anweisung 1 ;
          .           ;
          .           ;
          .           ;
        Anweisung n ;
UNTIL Bedingung;
```

Hierbei sind

- *REPEAT* und *UNTIL* die Schlüsselworte für die REPEAT-Schleifenanweisung.

- Die zwischen den Schlüsselworten REPEAT und UNTIL liegenden *PASCAL-Anweisungen 1 bis n* stellen die mehrfach in der Programmschleife zu durchlaufenden Anweisungen dar.

- Folgt auf die REPEAT-Anweisung eine weitere Anweisung, so wird die Bedingung durch
  ein Semikolon abgeschlossen.

- Mit Hilfe der *Bedingung* wird formuliert, wann die Schleifendurchläufe abgebrochen
  werden sollen.

  Die Anweisungsfolge wird solange wiederholt, bis die Bedingung erfüllt ist.

  Die Bedingung steht *am Ende* der Schleifenanweisung. Dadurch wird der Anweisungteil
  der Programmschleife *mindestens einmal* ausgeführt, bis *anschließend* die Bedingung geprüft wird. Nach der Prüfung wird entschieden, ob ein weiterer Schleifendurchlauf erfolgt oder der Schleifendurchlauf abgebrochen wird.

— Die Schleifenabbruch*bedingung* wird größtenteils durch einen *Vergleich* zweier arithmetischer Ausdrücke beschrieben, wie es in Kap. 10.3 schon allgemein formuliert wurde, d. h. in allgemeiner Form durch

$$a_1 \oplus a_2$$

Hierbei sind a_1 und a_2 die zu vergleichenden arithmetischen Ausdrücke und $\oplus$ das Symbol für einen der sechs Vergleichsoperatoren.

— Die Schleifenabbruchbedingung kann aber auch ein Wortsymbol wie z. B. EOF sein.

Das Wortsymbol EOF (END-OF-FILE) kennzeichnet das Ende der Eingabedaten, d. h. die zwischen den Wortsymbolen REPEAT und UNTIL stehende Anweisungsfolge wird bei der Schleifenabbruchbedingung EOF solange wiederholt, bis keine Eingabedaten mehr vorhanden sind.

Die REPEAT-Schleifenanweisung ist somit zusammen mit der Schleifenabbruchbedingung EOF sehr praktisch, wenn von vornherein nicht feststeht, wieviel Eingabedaten ein Programm später verarbeiten soll.

● **Es können mehrere REPEAT-Anweisungen ineinander geschachtelt werden.**

Die innere Schleife muß dabei vollständig in der äußeren Schleife liegen.

● **Es ist auch eine Schachtelung mit anderen Schleifenanweisungen, wie z. B. der FOR-Schleifenanweisung, erlaubt.**

Beispiel einer Schleifenschachtelung (allgemein):

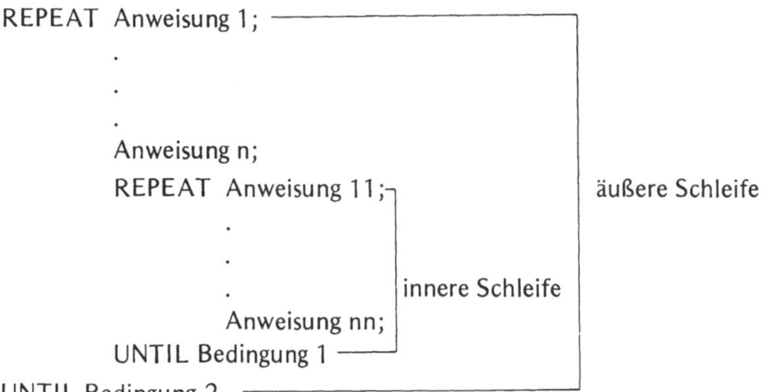

Beispiel für eine REPEAT-Schleifenanweisung:

Es ist die Anzahl der Glieder der ganzen positiven Zahlen zu bestimmen, die benötigt werden, bis der Summenwert mindestens den Wert 100 erreicht.

Dieses Beispiel ähnelt dem Beispiel mit der FOR-Schleifenanweisung, in dem die Summe der ganzen Zahlen von 1 bis 20 gebildet werden sollte.

Hier soll jedoch im Unterschied dazu die Zahl der Glieder der Summe ermittelt werden, bis ein bestimmter Summenwert erreicht ist. Dies kann durch Zählen der Schleifendurchläufe geschehen.

Da die Anzahl der Schleifendurchläufe bis zum Erreichen des Summenwertes jedoch von vornherein nicht bekannt ist, kann die FOR-Anweisung nicht verwendet werden. Mit Hilfe der REPEAT-Schleifen-Anweisung läßt sich dieses Problem jedoch wie folgt lösen:

Struktogramm

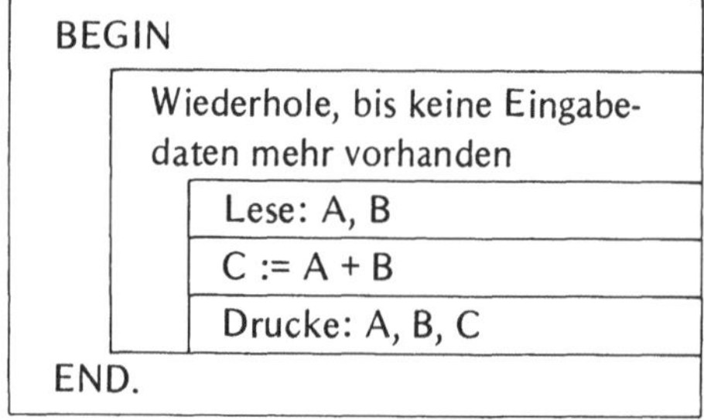

Das zugehörige Programm läßt sich folgendermaßen formulieren:

```
PROGRAM MAX (OUTPUT);
VAR SUMME, I: INTEGER;
BEGIN  SUMME := Ø;
       I := Ø;
       REPEAT  SUMME := SUMME + I;
               I := I + 1;
       UNTIL   SUMME > = 1ØØ;
       WRITELN (I, SUMME)
END.
```

Beispiel für eine REPEAT-Schleifenanweisung mit der Bedingung EOF:

Für mehrere Werte von A und B soll der Wert der Variablen C = A + B ermittelt werden.

Die Programmschleife soll beendet werden, wenn keine Eingabedaten mehr vorliegen.

Struktogramm:

```
BEGIN
    Wiederhole, bis keine Eingabe-
    daten mehr vorhanden
        Lese: A, B
        C := A + B
        Drucke: A, B, C
END.
```

Das zugehörige Programm läßt sich folgendermaßen formulieren:

```
PROGRAM ADD (INPUT, OUTPUT);
VAR A, B, C: REAL;
BEGIN  REPEAT  READ (A, B);
               C := A + B;
               WRITELN (A, B, C)
       UNTIL EOF
END.
```

10.4.3 Die WHILE-Schleifenanweisung

Bei der REPEAT-Schleifenanweisung steht die Bedingung, mit der entschieden wird, ob
eine Anweisung bzw. Anweisungsfolge noch einmal durchlaufen wird oder nicht, *am Ende*
der Schleifenanweisung. Dies führt dazu, daß die Anweisung bzw. Anweisungsfolge der
Programmschleife *mindestens einmal* durchlaufen wird. Dies ist nicht in allen Anwendungsfällen erlaubt.

In einigen Anwendungsfällen wird eine Schleifenanweisung benötigt, bei der die Bedingung
vor dem ersten Schleifendurchlauf überprüft wird, ob die Anweisung ein weiteres Mal ausgeführt werden soll oder überhaupt nicht. Die Schleifenabbruchbedingung muß aus diesem
Grunde vor der ersten Schleifenanweisung stehen. Diese Möglichkeit bietet die WHILE-
Schleifenanweisung.

Sie besitzt folgende allgemeine Form für eine einzige zu wiederholende Anweisung:

> WHILE Bedingung DO Anweisung

Für eine zu wiederholende Anweisungs*folge* lautet die allgemeine Form:

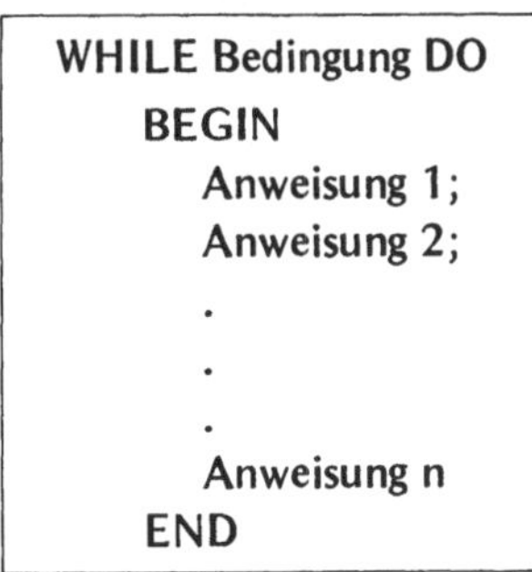

Hierbei sind:

- *WHILE* und *DO* die Schlüsselworte der WHILE-Schleifenanweisung.

- Die *Schleifenabbruchbedingung* wird durch einen Vergleich zweier arithmetischer Ausdrücke beschrieben, wie es in Kap. 10.3 schon allgemein formuliert wurde, d. h. allgemein durch $a_1 \oplus a_2$.

  Hierbei sind a_1 und a_2 die zu vergleichenden arithmetischen Ausdrücke und $\oplus$ das Symbol für einen der sechs Vergleichsoperatoren (vgl. Kap. 10.3).

- Falls mehrere Anweisungen (Anweisungsfolge) wiederholt werden sollen, müssen zur
  Kennzeichnung des Schleifenbereiches diese in die Wortsymbole BEGIN und END
  eingeschlossen werden. Eine in BEGIN und END eingeschlossene Anweisungsfolge
  wird wie eine einzige Anweisung behandelt. Die Wortsymbole BEGIN und END geben
  somit an, welche Anweisungen in Abhängigkeit von der Bedingung wiederholt werden
  sollen.

- Die *Anweisung* bzw. *Anweisungsfolge* wird solange wiederholt, wie die Bedingung erfüllt ist.

  Ist die Bedingung schon am Anfang nicht erfüllt, so wird die Anweisung bzw. Anweisungsfolge im Schleifenbereich überhaupt nicht ausgeführt. Es wird anschließend zur
  nächsten Anweisung übergegangen.

Beispiel für eine WHILE-Schleifenanweisung:

Von einem Guthaben soll monatlich ein feststehender Betrag abgehoben werden, bis das Guthaben kleiner als der feststehende Betrag wird. Mit Hilfe eines Programmes soll die Anzahl der möglichen monatlichen Abhebungen berechnet werden sowie das verbleibende Restguthaben.

Bezeichnet man das Guthaben mit G und den feststehenden Betrag mit B, so läßt sich folgendes Struktogramm zur Problemlösung angeben:

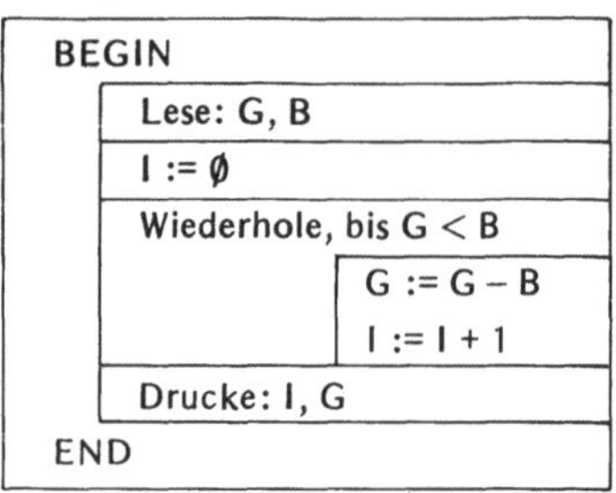

Wenn ein Guthaben eingegeben wird, das von Anfang an kleiner als der feststehende Betrag ist, darf die Anweisungsfolge in der Schleife kein einziges Mal ausgeführt werden. Somit ist die Schleifenbedingung *vor* dem Schleifendurchlauf zu prüfen. Dies ist ein Anwendungsfall für die WHILE-Schleifenanweisung.

Das Programm läßt sich z. B. folgendermaßen formulieren:

```
PROGRAM GUTHABEN (INPUT, OUTPUT);
VAR  G, B: REAL;
     I: INTEGER;
BEGIN    READ (G, B);
         I := Ø;
         WHILE G > B DO
           BEGIN G := G – B;
                  I := I + 1
           END;
         WRITELN (I, G)
END.
```

10.5 Zusammenfassung

Steueranweisungen, die den linearen Programmablauf ändern, sind:

Beginn- und Beendungsanweisungen
Sprunganweisungen
Programmverzweigungsanweisungen
Schleifenanweisungen

● Beginn- und Beendungsanweisungen

Ein Anweisungsteil mit einer Folge von Anweisungen, die in der Reihenfolge ausgeführt werden sollen, wie sie aufeinanderfolgen, müssen mit dem Wortsymbol BEGIN anfangen und mit dem Wortsymbol END enden.

Die einzelnen Anweisungen innerhalb der Anweisungsfolge werden durch Semikolons getrennt.

Das gesamte Programm (Vereinbarungs- und Anweisungsteil) wird durch einen
Punkt abgeschlossen.

Somit ergibt sich für eine Folge von Anweisungen folgende allgemeine Form des
Anweisungsteiles:

```
BEGIN
Anweisung 1;
 .
 .
 .
Anweisung n
END.
```

● Sprunganweisung

Die Sprunganweisung hat die Form:

```
GOTO n
```

Die Sprunganweisung bewirkt, daß das Programm mit der Anweisung der Anweisungsnummer n fortgesetzt wird.

Jede verwendete Anweisungsnummer (engl. label) muß spätestens vor dem ersten
Auftreten in einer sog. *LABEL-Erklärung* im Vereinbarungsteil des Programmes
vereinbart werden.

> Die LABEL-Erklärung im Vereinbarungsteil hat die Form:
> ```
> LABEL n;
> ```

Die Sprunganweisung sollte in strukturierten Programmen möglichst nicht verwendet
werden.

● Programmverzweigungsanweisungen

PASCAL kennt drei Formen von Programmverzweigungsanweisungen:

Einseitige Programmverzweigungsanweisungen
Zweiseitige Programmverzweigungsanweisungen
Mehrfachverzweigungsanweisungen

— Einseitige Programmverzweigungsanweisungen

Die einseitige *Programmverzweigungsanweisung* hat die Form:

```
IF a₁ ⊕ a₂ THEN Anweisung
```

Sie erlaubt eine Programmverzweigung in Abhängigkeit von dem Wahrheitswert
des Vergleichsausdruckes $a_1 \oplus a_2$. Die arithmetischen Ausdrücke a_1 und a_2
werden mit Hilfe des symbolischen Vergleichsoperators $\oplus$ verglichen.

PASCAL kennt sechs spezielle Vergleichsoperatoren für den symbolischen Vergleichsoperator $\oplus$:

Mathematisches Symbol	PASCAL
$<$	$<$
$\leqslant$	$<=$
$=$	$=$
$\geqslant$	$>=$
$>$	$>$
$\neq$	$<>$

Ist der Wahrheitswert des Vergleichsausdruckes $a_1 \oplus a_2$ wahr (die Bedingung ist erfüllt), dann wird die Anweisung, die auf das Schlüsselwort THEN folgt, ausgeführt. Anschließend wird das Programm mit der nächsten Anweisung, die im Programm folgt, fortgesetzt.

Ist die Bedingung nicht erfüllt, so wird das Programm sofort mit der nächsten Anweisung fortgesetzt.

Die Anweisung, die auf das Schlüsselwort THEN folgt, kann auch eine ganze Anweisungsfolge sein. Sie muß allerdings durch BEGIN und END eingeschlossen sein.

— Zweiseitige Programmverzweigungsanweisungen

Soll auch in dem zweiten Programmzweig eine bestimmte Anweisung ausgeführt werden, so muß man die *zweiseitige* Form der Programmverzweigungsanweisung wählen, die folgende allgemeine Form aufweist:

> IF $a_1 \oplus a_2$ THEN Anweisung 1 ELSE Anweisung 2

Anweisung 1 wird ausgeführt, wenn die Bedingung $a_1 \oplus a_2$ erfüllt ist, Anweisung 2 hingegen, wenn die Bedingung nicht erfüllt ist. Danach wird das Programm mit der nächsten im Programm folgenden Anweisung fortgesetzt.

Es kann in jedem der beiden Zweige der Programmverzweigungsanweisung (THEN-Zweig und ELSE-Zweig) jede beliebige PASCAL-Anweisung stehen.

Außerdem kann jede der beiden Anweisungen eine in BEGIN und END eingeschlossene Anweisungsfolge sein.

— Mehrfachverzweigungsanweisung

Die Mehrfachverzweigungsanweisung (Fallunterscheidung, CASE-Anweisung) hat folgende allgemeine Form:

```
CASE a OF
   1: Anweisung 1;
   2: Anweisung 2;
   :
   i: Anweisung i;
   :
   n: Anweisung n;
END
```

Ergibt die Auswertung des arithmetischen Ausdrucks a den Wert i, so wird die mit i bezeichnete Verzweigungsmarke gewählt und die zugehörige Anweisung i ausgeführt.

Zu allen Werten, die sich aus dem arithmetischen Ausdruck a ergeben können, müssen Verzweigungsmarken existieren. Damit keine Doppeldeutigkeiten auftreten, darf eine bestimmte Verzweigungsmarke nur einmal in jeder CASE-Anweisung auftreten.

Nachdem die Mehrfachverzweigungsanweisung ausgeführt ist, wird das Programm mit der Anweisung fortgesetzt, die auf das Wortsymbol END folgt.

- ● Schleifenanweisungen

  Die *Schleifenanweisung* bewirkt, daß eine Folge von Anweisungen mehrfach durchlaufen wird.

  PASCAL stellt drei Schleifenanweisungen zur Verfügung:

  > Die FOR-Schleifenanweisung;
  > Die REPEAT-Schleifenanweisung;
  > Die WHILE-Schleifenanweisung;

- — Die FOR-Schleifenanweisung

  Die FOR-Schleifenanweisung wird vorteilhaft verwendet, wenn die *Anzahl* der Schleifendurchläufe von einem Anfangs- bis zu einem Endwert *vor* der Ausführung des Programmes bekannt ist.

  Zwei Arten von FOR-Schleifenanweisungen sind möglich. Sie haben folgende allgemeine Form:

  > FOR V := a_1 TO a_2 DO Anweisung
  > FOR V := a_2 DOWNTO a_1 DO Anweisung

Die Anweisung, die auf das Schlüsselwort DO folgt, wird für alle Werte, die die Zählvariable V schrittweise annimmt, wiederholt.

Die Zählvariable darf nicht als REAL-Größe vereinbart werden.

Die Grenzen der Zählvariablen werden durch die beiden arithmetischen Ausdrücke a_1 und a_2 festgelegt.

Bei der Anweisung: FOR V := a_1 TO a_2 DO Anweisung

durchläuft die Zählvariable V alle ganzzahligen Werte, beginnend beim Wert, den a_1 annimmt, in *steigender* Folge, bis einschließlich dem Wert, den a_2 einnimmt (für $a_1 < a_2$).

Bei der Anweisung: FOR V := a_2 DOWNTO a_1 DO Anweisung

durchläuft die Zählvariable V alle ganzzahligen Werte, beginnend beim Wert, den a_2 annimmt, in *fallender* Folge, bis einschließlich dem Wert, den a_1 annimmt (für $a_1 < a_2$).

Nach Beendigung der FOR-Anweisung ist der Wert der Zählvariablen nicht definiert.

Für eine Anweisungsfolge (Anweisung 1 bis n), die in einer Schleife mehrfach durchlaufen werden soll, ergibt sich folgende allgemeine Form für den Fall *steigender* Werte der Zählvariablen V:

FOR V := a_1 TO a_2 DO BEGIN Anweisung 1; ...; Anweisung n END

Falls es zu viele Anweisungen für eine Zeile sind oder die Übersichtlichkeit leidet, läßt sich die Anweisung z. B. auch folgendermaßen aufbauen:

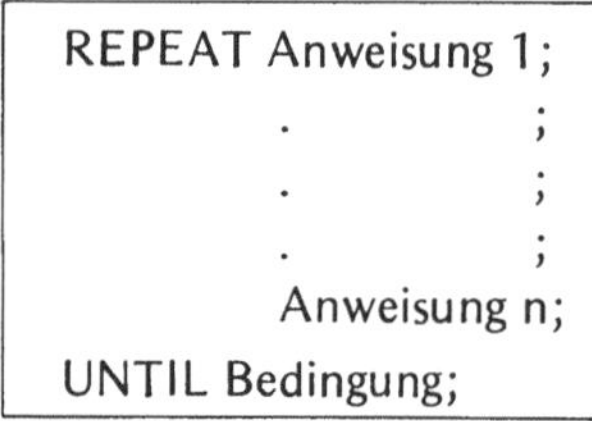

Entsprechendes gilt für die Form mit *fallenden* Werten der Zählvariablen V.

In einem Programm ist die Anzahl der FOR-Schleifenanweisungen nicht begrenzt.

Der Wert der Laufvariablen V, sowie die Werte der arithmetischen Ausdrücke a_1 und a_2 dürfen nicht durch Anweisungen innerhalb des Laufbereiches verändert werden.

Innerhalb einer Schleife ist es z. B. verboten, die Laufvariable V durch eine Anweisung wie z. B. V := V + 1 zu verändern.

Es können mehrere Schleifenanweisungen geschachtelt werden. Die innere Schleife muß dabei vollständig in der äußeren Schleife liegen. Die maximale Anzahl der ineinandergeschachtelten Schleifen ist abhängig von der jeweiligen DVA.

— Die REPEAT-Schleifenanweisung

Die REPEAT-Schleifenanweisung wird eingesetzt, wenn die Anzahl der Schleifendurchläufe vor dem Programmlauf nicht genau festliegt, sondern vom Erfüllen einer Bedingung abhängig gemacht wird.

Die REPEAT-Schleifenanweisung hat folgende allgemeine Form für die in der Schleife liegenden Anweisungen 1 bis n:

```
REPEAT Anweisung 1;
       .                ;
       .                ;
       .                ;
       Anweisung n;
UNTIL Bedingung;
```

Die Schleifenabbruch*bedingung* wird größtenteils durch einen *Vergleich* zweier arithmetischer Ausdrücke beschrieben.

Die Schleifenabbruchbedingung kann aber auch ein Wortsymbol wie z. B. EOF sein.

Die Bedingung steht *am Ende* der Schleifenanweisung. Dadurch wird der Anweisungsteil der Programmschleife *mindestens einmal* ausgeführt, bis *anschließend* die Bedingung geprüft wird. Nach der Prüfung wird entschieden, ob ein weiterer Schleifendurchlauf erfolgt oder der Schleifendurchlauf abgebrochen wird.

Es können mehrere REPEAT-Anweisungen ineinander geschachtelt werden.

Die innere Schleife muß dabei vollständig in der äußeren Schleife liegen.

Es ist auch eine Schachtelung mit anderen Schleifenanweisungen, wie z. B. der FOR-Anweisung, erlaubt.

— Die WHILE-Schleifenanweisung

In einigen Anwendungsfällen wird eine Schleifenanweisung benötigt, bei der die Bedingung *vor* dem ersten Schleifendurchlauf überprüft wird, ob die Anweisung ein weiteres Mal ausgeführt werden soll oder überhaupt nicht. Die Schleifenabbruchbedingung muß aus diesem Grunde vor der ersten Schleifenanweisung stehen. Diese Möglichkeit bietet die WHILE-Schleifenanweisung.

Sie besitzt folgende allgemeine Form für eine einzige zu wiederholende Anweisung:

```
WHILE Bedingung DO Anweisung
```

Für eine zu wiederholende Anweisungsfolge lautet die allgemeine Form:

```
WHILE Bedingung DO
    BEGIN
            Anweisung 1;
            Anweisung 2;
                .
                .
                .
            Anweisung n
    END
```

Die Anweisung bzw. Anweisungsfolge wird solange wiederholt, wie die Bedingung erfüllt ist.

10.6 Übungsaufgaben

Die Lösungen der Übungsaufgaben befinden sich in Kap. 14.

Aufgabe 10.1

Was bewirken folgende Steueranweisungen?

Nr.	Steueranweisung	Erläuterung
1	IF A < B THEN WRITE (A)	
2	IF A < B THEN WRITE (A) ELSE WRITE (B)	
3	CASE I OF 1: WRITE ('RECHTSCHREIBFEHLER'); 2: WRITE ('KOMMAFEHLER'); 3: WRITE ('KEIN ␣ FEHLER'); END	
4	FOR I := 1 TO 2∅ DO PROD := PROD * I	
5	REPEAT P := P * I; I := I + 1; UNTIL I > 2∅	

Aufgabe 10.2

Sind folgende Steueranweisungen zulässig?

Nr.	Steueranweisung	Ja	Nein	Bemerkung
1	IF ANNA $\leq$ HANS THEN A := B + C	o	o	
2	IF A + B := C + D THEN WRITE ('GLEICH')	o	o	
3	FOR I = 1 TO 2∅ DO SUM := SUM + I	o	o	
4	WHEIL A $<$ B DO SUM := SUM + I	o	o	
5	REPEAT SUM := SUM + I I := I + 1 UNTIL EOF	o	o	

Aufgabe 10.3

Schreiben Sie mit Hilfe der Steueranweisungen den entsprechenden Programmabschnitt für folgende Aufgaben:

Nr.	Aufgabe	Programmabschnitt
1	Wenn die Differenz von X und Y kleiner als Null ist, soll Z von der Differenz subtrahiert werden. Dies soll die neue Differenz sein. Falls X – Y größer oder gleich Null ist, soll Z zur Differenz addiert werden. Das Ergebnis soll in diesem Fall die neue Differenz sein.	
2	Wenn das Produkt von A und B ungleich Null ist, soll das Produkt durch C geteilt werden. Andernfalls soll zu dem Produkt D addiert werden.	

Aufgabe 10.4

Es sollen die Quadratzahlen von 1 bis 100 tabellarisch dargestellt werden.

Zeichnen Sie ein Struktogramm und geben Sie ein PASCAL-Programm mit Hilfe einer FOR-Schleifenanweisung an.

11 Kommentare im Programm

Kommentare sind zusätzliche Bemerkungen oder Erklärungen, die dem Programmierer
helfen, das Programm übersichtlich zu gestalten.

Kommentare können an beliebigen Stellen im Programm stehen.

Die Kommentarvereinbarung hat folgende allgemeine Form:

> { Text }

Der kommentierende Text darf beliebige Zeichen aus dem Fernschreiber-Zeichenvorrat
enthalten. Die Zahl der Zeichen darf die maximale Zeichenzahl einer Programmzeile, z. B.
80 Zeichen, nicht überschreiten. Ist der Text länger, muß eine neue Kommentarvereinbarung in einer neuen Programmzeile begonnen werden.

Bei der Kommentarvereinbarung handelt es sich um keine Anweisung, die dem Fortgang
des Programms dient.

Daher wird sie bei der Übersetzung des Programms nicht berücksichtigt.

Der Kommentar erscheint lediglich bei Programmauflistungen.

Falls die geschweiften Klammern { } nicht im Zeichenvorrat des Eingabegerätes vorhanden
sind, ist folgender Ersatz möglich:

    { wird ersetzt durch (*
    } wird ersetzt durch *)

Ein Anwendungsbeispiel befindet sich in den vollkommen programmierten Beispielen (vgl.
Kap. 13) in Aufgabe 13.3.

12 Fehlerbehandlung

Ein Programm wird selten bei dem ersten Versuch fehlerfrei ablaufen. Dies gilt umsomehr, je umfangreicher und komplizierter die programmierten Probleme sind.

Es lassen sich folgende Fehlerarten unterscheiden:

- Syntaxfehler
- Ablauffehler
- Logische Fehler

12.1 Syntaxfehler

Die Syntax (grch.: Zusammensetzung) einer Sprache gibt die Regeln an, die bei der Bildung von Sätzen und Wörtern zu beachten sind.

Die Programmier*sprache* PASCAL besitzt ebenfalls eine Syntax. Die Regeln, die bei der Bildung von PASCAL-Sätzen und PASCAL-Wörtern zu beachten sind, wurden in den vorangegangenen Kapiteln (6 bis 11) erläutert.

Ein Verstoß gegen die formalen Regeln der PASCAL-Sprache führt zu einem Syntaxfehler (Formfehler).

Syntaxfehler entstehen bei der Programm*eingabe* durch

- Unkenntnis bzw. Nichtbeachtung der syntaktischen Regeln
  oder durch
- Tippfehler

Beispiel:

PASCAL-Anweisung mit Syntaxfehler	PASCAL-Anweisung ohne Syntaxfehler
REED (A, B, C); A = B + C;	READ (A, B, C); A := B + C;

Bei der Übersetzung der problemorientierten Programmiersprache PASCAL in den Maschinencode werden die Anweisungen auf ihre formale Richtigkeit überprüft, d. h. es wird geprüft, ob die Syntax und Grammatik richtig ist.

Erkennt die DVA einen Syntaxfehler, so wird er gemeldet.

Die Form der Fehlermeldung kann bei den verschiedenen Datenverarbeitungsanlagen sehr unterschiedlich sein.

Bei einfachen Compilern wird dem Programmierer meist nur der Hinweis auf einen Fehler in Verbindung mit einem *Fehlercode* ausgegeben. Der Fehler selbst muß dann einer Liste entnommen werden, in der alle Fehlercodes mit den ihnen zugeordneten Fehlern aufgeführt sind.

Dies ist die Form, die auch K. Jensen und N. Wirth in [2] angeben.

Beispiel:

Fehlernummer	Fehlerart
1	error in simple type
2	identifier expected
3	'program' expected
4	')' expected
5	':' expected
6	illegal symbol
.	.
.	.
.	.

Komfortablere Compiler werden vermutlich später, ähnlich wie bei anderen höheren Programmiersprachen, den Hinweis auf den Syntaxfehler in direkt verständlicher Form, d. h. in Worten geben.

Der Komfort bei der Fehlerbehandlung wird eventuell noch weiter gesteigert, indem der Text der Anweisung in einer neuen Zeile soweit ausgegeben wird, wie er richtig war. Damit wird die Stelle des Fehlers eindeutig lokalisiert. Der Programmierer hat dann den Rest der Anweisung in korrigierter Form einzugeben.

12.2 Ablauffehler

Ist ein Programm vollständig und ohne Syntaxfehler in die DVA eingegeben worden, kann die Ausführung des Programms verlangt werden. Dazu muß ein entsprechendes Kommando gegeben werden.

Die DVA prüft daraufhin intern, ob alle Voraussetzungen für den Rechenlauf erfüllt sind.

Sind nicht alle Voraussetzungen erfüllt, so beinhaltet das Programm noch Ablauffehler.

Findet die DVA während der Ausführung des Programms (Ablauf) einen Fehler, so handelt es sich um einen sog. Ablauffehler.

Das Programm kann erst ablaufen, wenn der Ablauffehler korrigiert wurde.

Beispiel eines Ablauffehlers:

GOTO 500

Diese Sprunganweisung soll bewirken, daß unmittelbar zur Anweisung mit der Anweisungsnummer 500 gesprungen wird (vgl. 10.2).

Die Anweisung ist *formal* richtig. Ein Syntaxfehler kann nicht festgestellt werden. Die weitere Prüfung der DVA vor dem Rechenlauf möge jedoch ergeben, daß im Programm keine Anweisung mit der Anweisungsnummer 500 vorhanden ist. Das im Programm angegebene Sprungziel kann daher nicht angesprungen werden. Der Programm*ablauf* ist unterbrochen. Dies führt zu einer entsprechenden Ablauffehlermeldung.

Weitere Ablauffehler ergeben sich z. B. bei einer bislang nicht erkannten Division durch Null, wenn die Werte zu groß werden usw.

Ablauffehler unterbrechen den Programmablauf. Die fehlerverursachende Anweisung wird angegeben und eine Erläuterung zur Art des Ablauffehlers ausgedruckt. Die Erläuterung wird je nach DVA-Typ entweder mit Hilfe eines Fehlercodes oder direkt in verbaler Form ausgegeben.

12.3 Logische Fehler

Ist der Algorithmus eines Problems nicht richtig erkannt und programmiert, so enthält das Programm sog. logische Fehler.

Beispiel eines einfachen logischen Fehlers:

Ein Programmierer möchte das Produkt der Variablen A und B der Variablen X zuordnen und gibt der DVA die Anweisung:

    X := A + B

Diese Anweisung ist formal richtig aufgebaut. Ein Syntaxfehler kann nicht festgestellt werden.

Das Programm läuft auch ohne Ablauffehlermeldung bis zum Ende durch und druckt ein Ergebnis aus.

Der Programmierer stellt jedoch fest, daß das Ergebnis nicht richtig sein kann.

Dies kann nur an einem logischen Fehler im Programm liegen. Bei einer Überprüfung des Programms stellt er fest, daß er eigentlich die Anweisung

    X := A * B

schreiben wollte. Logische Fehler wie diese kann die DVA nicht entdecken und anzeigen.

Die DVA kann keine logischen Fehler entdecken und anzeigen.

Der Programmierer muß in diesem Fall das ganze Programm Schritt für Schritt prüfen, um den logischen Fehler zu finden. Dies ist bei umfangreichen Programmen sehr zeitaufwendig. Hier erweist es sich häufig als zweckmäßig, Ergebnisse von Zwischenrechnungen ausgeben zu lassen und diese auf ihre Richtigkeit hin zu überprüfen.

Dazu müssen in das Programm zusätzliche WRITE-Anweisungen eingefügt werden.

13 Vollständig programmierte Beispiele

Die Themen der einzelnen Programmbeispiele wurden bewußt aus unterschiedlichen Bereichen der Mathematik und Naturwissenschaft gewählt, um zu zeigen, daß die mathematisch-naturwissenschaftlich orientierte Programmiersprache PASCAL universell einsetzbar ist. Der Schwierigkeitsgrad wurde dabei von Beispiel zu Beispiel langsam gesteigert. Für Anfänger empfiehlt es sich daher, die Programme systematisch vom ersten bis zum letzten Beispiel durchzuarbeiten. Der Aufbau der Programmbeispiele wird ihm dabei helfen.

Vom Leser wird nicht erwartet, daß er die vielfältigen Problembereiche, die in den Beispielen behandelt werden, kennt und beherrscht. Daher folgt auf jede Aufgabenstellung eine Problemformulierung, in der der Lösungsweg ausführlich und allgemein verständlich erarbeitet wird.

Leser, die sich auf den Standpunkt stellen, daß auch ohne genaue Kenntnis der Probleme programmiert werden kann, wenn der Algorithmus bekannt ist, können diesen Abschnitt auch überschlagen. Für sie wird in einer Zusammenfassung der jeweilige Lösungsalgorithmus angegeben.

Daraufhin werden die Programmablaufpläne bzw. Struktogramme dargestellt und kurz erläutert. Das zugehörige Programm folgt in Form eines Druckerprotokolls. Der Lösungsausdruck für beispielhaft angenommene Zahlenwerte schließt sich an. Einzelne Anweisungen des Programms werden abschließend, unter Angabe der Zeilennummern, kurz erläutert. Häufig wird dabei auch auf die zugehörigen Kapitel verwiesen.

13.1 Phasenwinkelberechnung

Aufgabenstellung

Es soll die Phasenverschiebung zwischen Strom und Spannung bei einer Spule, deren Induktivität und Verlustwiderstand unbekannt ist, ermittelt werden. Zu diesem Zweck wurde folgende Meßschaltung aufgebaut:

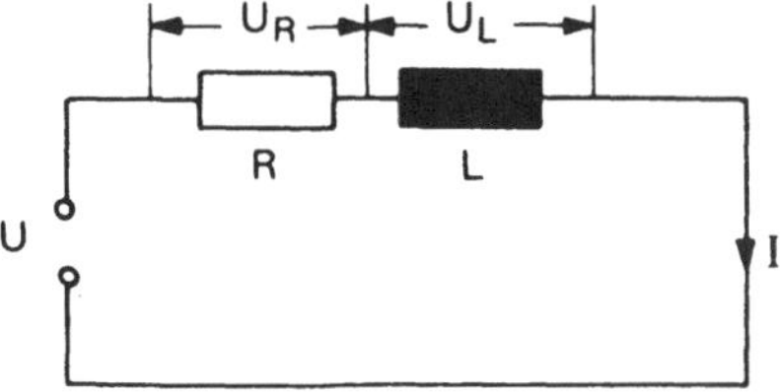

Die Spule L wird über einen Vorwiderstand R an eine Wechselspannung U angeschlossen. Die Spannung U und die Spannungsabfälle U_R und U_L werden mit Hilfe eines Voltmeters gemessen. Aus diesen Meßwerten soll die Phasenverschiebung zwischen dem Strom I und der Spannung U_L errechnet werden.

Die Meßwerte seien: $U = 13{,}5$ V; $U_R = 10{,}7$ V; $U_L = 6{,}3$ V.

Problemformulierung

Die Meßwerte zeigen, daß die Summe der Spannungsabfälle U_R und U_L größer als die Speisespannung U ist. Dies liegt an der Phasenverschiebung zwischen Strom und Spannung bei einer Spule. Man kann aus den obigen Meßwerten ein Spannungsdiagramm konstruieren, welches im Prinzip folgendermaßen aussieht:

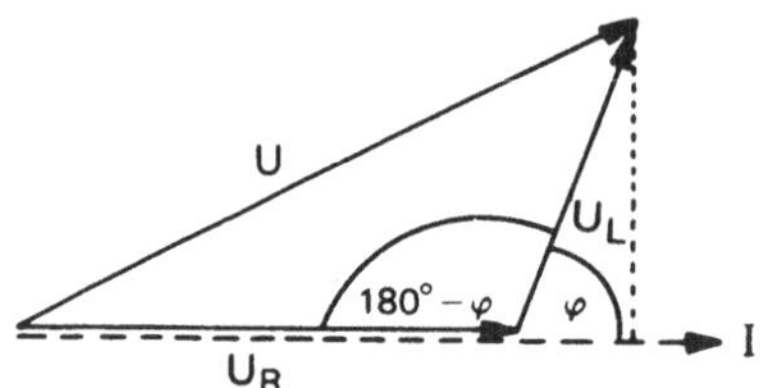

Wie man sieht, handelt es sich um keine normale Addition der Spannungsabfälle, sondern um eine sog. Vektoraddition. Ein reiner Widerstand bewirkt keine Phasenverschiebung zwischen Strom und Spannung. Somit zeigt der Spannungsvektor U_R gleichzeitig die Phasenlage des Stromes an. Dies wurde in der Zeichnung durch den gestrichelten Vektor I angedeutet. Der Spannungsvektor U_L der Spule und der Stromvektor I schließen einen Winkel φ ein. Dieser Winkel gibt die sog. Phasenverschiebung zwischen Strom und Spannung bei einer Spule an. Der Phasenwinkel soll aus den gegebenen Meßwerten berechnet werden.

Mit Hilfe des Kosinus-Satzes läßt sich aus dem Spannungsdreieck mit den bekannten Werten der stumpfe Winkel $(180° - \varphi)$ ermitteln. Daraus läßt sich leicht auf den Phasenwinkel φ schließen.

Der Kosinussatz für das Spannungsdreieck lautet:

$$U^2 = U_R^2 + U_L^2 - 2\,U_R\,U_L \cos(180° - \varphi)$$

Diese Gleichung muß nach den Winkeln aufgelöst werden.

$$\cos(180° - \varphi) = \frac{U_R^2 + U_L^2 - U^2}{2\,U_R\,U_L}$$

Aus der Trigonometrie ist bekannt, daß

$$\cos(180° - \varphi) = -\cos\varphi$$

Somit ist

$$\cos\varphi = -\frac{U_R^2 + U_L^2 - U^2}{2\,U_R\,U_L} = \frac{U^2 - U_R^2 - U_L^2}{2\,U_R\,U_L}$$

Der Winkel φ ergibt sich aus der inversen trigonometrischen Funktion

$$\varphi = \arccos\left(\frac{U^2 - U_R^2 - U_L^2}{2\,U_R\,U_L}\right)$$

Eine Standardfunktion für den Arcuscosinus ist nicht vorhanden. Als einzige inverse trigonometrische Funktion ist der Arcustangens als Standardfunktion vorhanden. Der Arcuscosinus läßt sich folgendermaßen durch den Arcustangens ersetzen:

$$\varphi = \text{arc tg} \; \frac{\sqrt{1 - \left(\dfrac{U^2 - U_R^2 - U_L^2}{2\,U_R\,U_L} \right)^2}}{\dfrac{U^2 - U_R^2 - U_L^2}{2\,U_R\,U_L}}$$

Zusammenfassung

Der Phasenwinkel φ einer Spule ergibt sich allgemein aus der Beziehung

$$\varphi = \text{arc tg} \; \frac{\sqrt{1 - \left(\dfrac{U^2 - U_R^2 - U_L^2}{2\,U_R\,U_L} \right)^2}}{\dfrac{U^2 - U_R^2 - U_L^2}{2\,U_R\,U_L}}$$

Diese Beziehung ist zu programmieren. Die einzugebenden Werte sind in diesem Fall:

$U = 13{,}5$ V, $U_R = 10{,}7$ V, $U_L = 6{,}3$ V

Programmablaufplan

Der Programmablaufplan zeigt einen linearen Programmablauf. Umfangreiche Formelausdrücke werden gern in einfachere Bestandteile zerlegt, wie es der Programmablaufplan beispielhaft zeigt.

Struktogramm

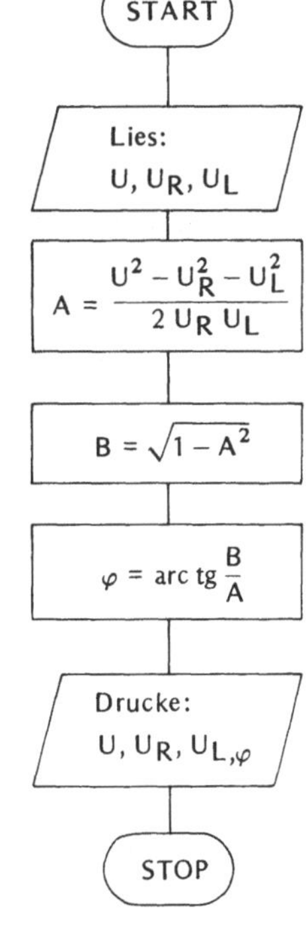


```
BEGIN
  Lies: U, U_R, U_L
  A = (U² − U_R² − U_L²) / (2 U_R U_L)
  B = √(1 − A²)
  φ = arc tg B/A
  Drucke: U, U_R, U_L, φ
END
```

Der Programmablaufplan und das Struktogramm unterscheiden sich nur geringfügig bei einem linearen Programmablauf.

Programm- und Ergebnisausdruck

```
PROGRAM PHASENWINKELBERECHNUNG(INPUT,OUTPUT);
CONST PI=3.1415926;
VAR U,UR,UL,A,B,PHI:REAL;
BEGIN READ(U,UR,UL);
   A:=(U*U-UR*UR-UL*UL)/2/UR/UL;
   B:=(SQRT(1-SQR(A)));
   PHI:=ARCTAN(B/A)*180/PI;
   WRITELN('DER PHASENWINKEL','IST FUER');
   WRITELN('U =',U,'VOLT');
   WRITELN('UR=',UR,'VOLT');
   WRITELN('UL=',UL,'VOLT');
   WRITELN('------------------');
   WRITELN('PHI =',PHI,'GRAD')
END.


DER PHASENWINKELIST FUER
U =               13.50000VOLT
UR=               10.70000VOLT
UL=                6.299999VOLT
------------------
PHI =             77.98286GRAD
```

Erläuterungen zu dem Programm

Progr.-Zeile Nr.	Erläuterung
1	Im Programmkopf wird der Programmname PHASENWINKELBERECHNUNG für das gesamte Programm vereinbart (vgl. 7.1).
2	Im Vereinbarungsblock wird eine Konstantenvereinbarung für die Größe π getroffen (vgl. 7.2.2). Sie erhält den Konstantennamen PI. Diesem Konstantennamen wird die Konstante 3.1415926 zugeordnet. Diese Konstantendefinition folgt, durch ein Leerzeichen getrennt, auf das Wortsymbol CONST. Die Konstantenvereinbarung wird durch ein Semikolon abgeschlossen.
3	Im Vereinbarungsblock folgt auf die Konstantenvereinbarung die Variablenvereinbarung (vgl. 7.2.3). Auf das Wortsymbol VAR folgen, durch ein Leerzeichen getrennt, alle im Programm vorkommenden Variablennamen vom Typ REAL. Diese Variablenliste wird durch einen Doppelpunkt vom Wortsymbol REAL getrennt. Dieses Wortsymbol ordnet allen vorher aufgezählten Variablen in der DVA den Typ REAL zu. Ein Semikolon schließt die Variablenvereinbarung nach dem Wortsymbol REAL ab.
4	Der Anweisungsteil beginnt mit dem Wortsymbol BEGIN. Darauf folgt, durch ein Leerzeichen getrennt, das Wortsymbol der ersten Anweisung. Die READ-Anweisung bewirkt, daß für die in Klammern folgenden Variablen der Variablenliste Werte eingegeben werden können (vgl. 9.1).

Progr.-Zeile Nr.	Erläuterung
5	Der komplizierte Formelausdruck der Aufgabe wurde in zweckmäßige Teile zerlegt, wie es der Programmablaufplan zeigt. Ein Teil des Radikanden im Zähler des Bruches entspricht dem Ausdruck im Nenner des Bruches. Es genügt, den Ausdruck nur einmal zu berechnen und anschließend mit dem Ergebnis weiterzurechnen. Dazu wurde dieser Teil des Formelausdruckes der Hilfsvariablen A zugeordnet (vgl. Kap. 8).
6	Zur Berechnung der Wurzel des Zählers muß die Standardfunktion SQRT herangezogen werden (vgl. 6.5). Das Argument dieser Standardfunktion stellt einen arithmetischen Ausdruck dar und muß in Klammern gesetzt der Standardfunktion folgen. Im Argument muß eine weitere Standardfunktion zur Quadrierung der Hilfsvariablen A benutzt werden, d. h. SQR (A). Die Berechnung des Zählers führt zur Hilfsvariablen B. Die Klammer um den gesamten arithmetischen Ausdruck ist nicht unbedingt erforderlich.
7	Die Ergebnisvariable φ des gesamten Formelausdruckes erhielt den Variablennamen PHI. Der Wert der Ergebnisvariablen ergibt sich aus der Standardfunktion ARCTAN (vgl. 6.5) mit dem angegebenen arithmetischen Ausdruck B/A im Argument. Da das Ergebnis im Bogenmaß ausgegeben werden würde (vgl. 6.5), das Gradmaß jedoch gewünscht ist, muß das Bogenmaß mit dem Faktor $180/\pi$ bzw. 180/3.14 multipliziert werden (Umkehrung der Gleichung in 6.5).
8	Ausgabeanweisung für einen erklärenden Text (vgl. 9.2.4).
9	Ausgabe des eingegebenen Wertes für die Variable U nebst erläuterndem Text zur Dokumentation (vgl. 9.2.4) in einer Zeile.
10	Wie Progr.-Zeile Nr. 9, hier für die Variable U_R.
11	Wie Progr.-Zeile Nr. 9, hier für die Variable U_L.
12	Ausgabe von 16 Trennungszeichen in einer Zeile, um die Eingabedaten von den Ergebnissen optisch zu trennen. Die Ausgabe von Trennungszeichen stellt eine spezielle Form eines Textes dar. Entsprechend wurde die Ausgabeanweisung formuliert (vgl. 9.2.4).
13	Ausgabe des Ergebnisses zusammen mit dem kommentierenden Text in einer Zeile.

13.2 Zinseszins- und Rentenrechnung

Aufgabenstellung

Im Geschäfts- und Privatleben wird man vielfach mit dem Problem konfrontiert, daß ein gewisses Kapital zinsbringend angelegt wird, welches man in festen Raten für eine gewisse Zeit spart (z. B. nach dem 624,– DM-Gesetz) oder von einem vorhandenen Kapital gleichbleibende Abhebungen vornimmt. Der Sparer wird im allgemeinen wissen wollen, auf welches Endkapital sein Anfangskapital nach einer gewissen Zeit bei einem vorgegebenen Zinssatz wächst bzw. fällt. Für diese Aufgabe ist ein möglichst universelles Programm zu erstellen.

Problemformulierung

Mit Hilfe der **Zinseszinsrechnung** kann ermittelt werden, auf welches Endkapital K_n ein Anfangskapital K innerhalb von n Jahren bei einem Zinssatz von p % anwächst, wenn die am Ende des Jahres fälligen Zinsen dem Kapital zugefügt und weiterhin mitverzinst werden. Die Zinseszinsformel ergibt sich nach Leibnitz zu

$$K_n = K \cdot \left(1 + \frac{p}{100}\right)^n = K \cdot q^n.$$

Der Zinsfaktor $(1 + \frac{p}{100})$ wird vielfach auch mit q bezeichnet. **Fügt** man zum vorhandenen Kapital K außerdem noch jährlich am Jahresanfang eine Sparrate R **hinzu** oder **hebt** man jährlich einen gleichbleibenden Betrag R vom Kapital ab, so ist bei n Jahren und p % folgende **Rentenformel** anzuwenden:

$$K_n = K \cdot q^n \pm \frac{R \cdot q \, (q^n - 1)}{q - 1} \quad \text{mit } q = \left(1 + \frac{p}{100}\right)$$

Die Addition findet Anwendung, wenn jährlich Raten hinzugefügt werden, die Subtraktion hingegen, wenn jährlich gleichbleibende Abhebungen vorgenommen werden.

Zusammenfassung

Zu programmieren ist folgende Rentenformel:

$$K_n = K \cdot q^n \pm \frac{R \cdot q \, (q^n - 1)}{q - 1} \quad \text{mit } q = \left(1 + \frac{p}{100}\right)$$

Für den Rechenlauf sind beispielhaft folgende Aufgaben zu lösen:

1. Eine Großmutter gibt zur Taufe ihres Enkels DM 1 000,– auf ein Sparbuch und jährlich 100,– DM zum Geburtstag. Der Zinssatz beträgt 4 %. Wie groß ist das Endkapital am 20. Geburtstag.

2. Ein Geschäftsmann setzt sich mit 500 000,– DM zur Ruhe. Er legt dieses Geld langfristig zu 6 % an. Zum Lebensunterhalt benötigt er 60 000,– DM jährlich. Wie groß ist sein Vermögen nach 10 Jahren?

Programmablaufplan

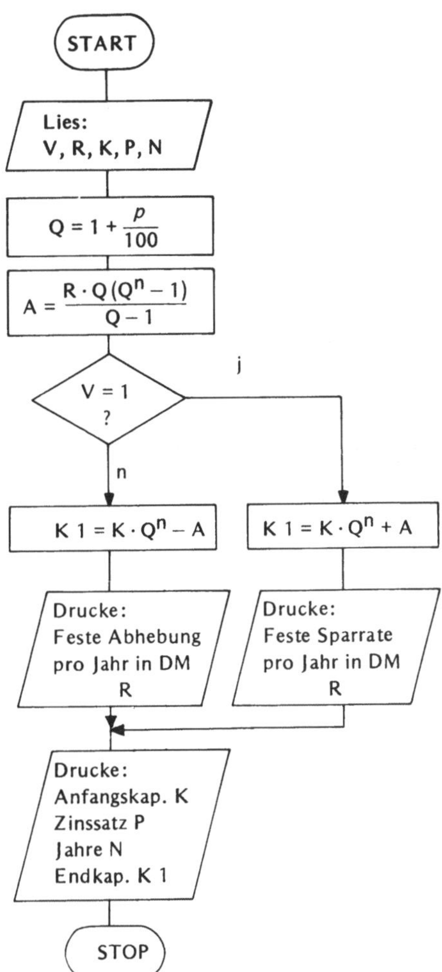

Erläuterungen zum Programmablaufplan

Im Programmablaufplan wird dargestellt, wie die mathematische Formel schrittweise aufgebaut wird. Je nachdem, ob im Programm feste Sparraten oder feste Abhebungen behandelt werden sollen, wird das Programm in Abhängigkeit vom Wert der Variablen V verzweigt. Ist V = 1, werden feste *Sparraten* behandelt. Für alle anderen Werte für V werden feste *Abhebungen* behandelt.

Struktogramm

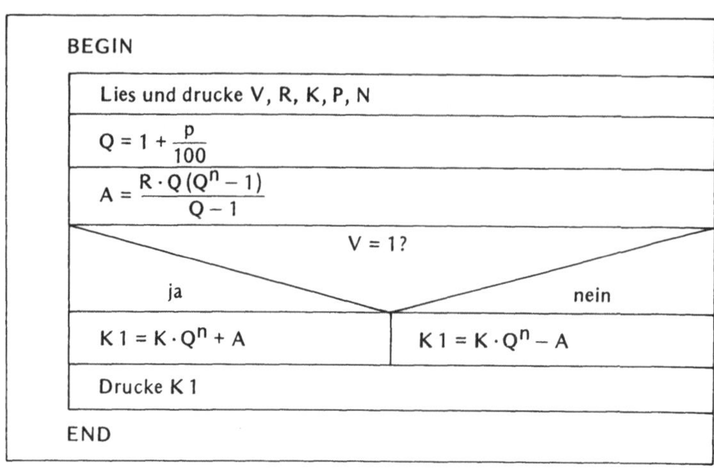

Programm- und Ergebnisausdruck

```
PROGRAM RENTEN(INPUT,OUTPUT);
VAR V:INTEGER;
    K,P,R,Q,A,K1,N:REAL;
BEGIN WRITE('FESTE SPARRATE 1','FESTE ABHEBUNG 2');
    READ(V);
    WRITELN(V);
    WRITE('RATE IN DM    ');
    READ(R);
    WRITELN(R);
    WRITE('ANF.KAP IN DM');
    READ(K);
    WRITELN(K);
    WRITE('ZINSSATZ IN %');
    READ(P);
    WRITELN(P);
    WRITE('JAHRE');
    READ(N);
    WRITELN(N);
    Q:=1+P/100;
    A:=(R*Q*(EXP(N*LN(Q))-1))/(Q-1);
    IF V=1 THEN BEGIN
                WRITELN('-----------------');
                K1:=K*EXP(N*LN(Q))+A
                END
            ELSE BEGIN
                WRITELN('-----------------');
                K1:=K*EXP(N*LN(Q))-A
                END;
    WRITELN('ENDKAP. IN DM',K1)
END.
```

```
FESTE SPARRATE 1FESTE ABHEBUNG 2              1
RATE IN DM                  100.0000
ANF.KAP IN DM               1000.000
ZINSSATZ IN %               4.000000
JAHRE            20.00000
-----------------------------
ENDKAP. IN DM               5288.038


FESTE SPARRATE 1FESTE ABHEBUNG 2              2
RATE IN DM                  60000.00
ANF.KAP IN DM               500000.0
ZINSSATZ IN %               6.000000
JAHRE            10.00000
-----------------------------
ENDKAP. IN DM               57125.38
```

Erläuterungen zum Programm

Progr.-Zeile Nr.	Erläuterung
1	Im Programmkopf wird als Programmname für das gesamte Programm RENTEN vereinbart (vgl. 7.1).
2 u. 3	Im Variablenvereinbarungsteil wird der Typ der Variablen vereinbart (vgl. 7.2.3). Die Variable V, mit der festgelegt wird, ob die Variable R eine jährliche Sparrate oder eine jährliche Abhebung darstellen soll, wird als ganze Zahl vereinbart. Alle anderen Variablen werden als reelle Zahlen vereinbart, da sie in einem allgemeinen Programm von diesem Typ sein können. Es handelt sich hierbei um die Variable K für das Anfangskapital, P für den Zinssatz, R für die jährliche Sparrate bzw. für die jährliche Abhebung, Q und A für Zwischenergebnisse, K 1 für das Endergebnis und N für die Zahl der Jahre.
4	Der Anweisungsteil beginnt mit einer Druckanweisung. Es soll am Anfang der feste Text „Feste Sparrate 1" und „Feste Abhebung 2" ausgedruckt werden. Der Text ist dazu in Anführungszeichen zu setzen (vgl. 9.2.4). Texte mit mehr als 16 Zeichen werden in mehrere Texte aufgeteilt. Der Anwender des Programms erhält somit die Information, welche Ziffer (1 oder 2) er bei welchem Problem (feste Sparrate bzw. feste Abhebung) zu wählen hat. Die Druckanweisung der Zeile ist noch nicht beendet.
5	In dieser Anweisung wird der Anwender aufgefordert, einen Wert für die Variable V einzugeben, d. h. er muß je nach Problemstellung den Wert 1 oder 2 eingeben (vgl. Progr.-Zeile Nr. 4).
6	Der gewählte Wert der Variablen V wird in der gleichen Zeile ausgedruckt, wie der Text aus Progr.-Zeile Nr. 4, da die Druckanweisung der Zeile noch nicht beendet war. Die Druckanweisung WRITELN (V) beendet jetzt die Druckzeile. Die beiden Ergebnisausdrucke zeigen in der ersten Zeile beide Varianten.

Progr.-Zeile Nr.	Erläuterung
7, 8, 9	In der Programmzeile 7 wird die DVA angewiesen, den festen Text „Rate in DM" auszudrucken, damit der Anwender den nächsten geforderten Eingabewert eingeben kann (Programmzeile 8, Variablenname R). Der vom Anwender gewählte Wert wird in der gleichen Zeile wie der Text zur Dokumentation ausgedruckt (Programmzeile 9). Durch WRITELN (R) wird die Programmzeile abgeschlossen.
10, 11, 12, 13, 14, 15, 16, 17, 18	Für das Anfangskapital (Variable K) und für den Zinssatz (Variable P) und für die Zahl der Jahre (Variable N) wird zur Dokumentation im Ergebnisausdruck entsprechend verfahren, wie in den Programmzeilen 7, 8, 9.
19	Diese arithmetische Zuordnungsanweisung (vgl. Kap. 8.6) gibt den zu berechnenden Formelausdruck für den Zinsfaktor q an. Der arithmetische Ausdruck wird gemäß der Regel „Punktrechnung vor Strichrechnung" (vgl. Kap. 8.2) abgearbeitet, d. h. es wird zunächst P durch 100 dividiert und dann zu diesem Ergebnis 1 addiert.
20	Diese arithmetische Zuordnungsanweisung gibt den zu berechnenden Formelausdruck für die verzinste jährliche Sparrate bzw. für die verzinste jährliche Abhebung an. Da ein allgemeines Operationszeichen zur Potenzierung in PASCAL fehlt, wurde folgender Weg über vorhandene Standardfunktionen gewählt: $a = b^c$ — Dieser Ausdruck wird logarithmiert. $\ln a = \ln (b^c) = c \cdot \ln b$ — Dieser Ausdruck wird exponiert. $e^{\ln a} = e^{c \cdot \ln b}$ — Es gilt $e^{\ln a} = a$. Der Ausdruck $a = b^c$ läßt sich somit mit Hilfe der Standardfunktionen auch wie folgt ausdrücken: $a = e^{c \cdot \ln b}$
21 bis 28	Die Programmverzweigungsanweisung (Progr.-Zeile Nr. 21) führt die auf THEN folgende Anweisungsfolge aus, wenn V = 1 gewählt wurde (feste Sparrate). Wenn V = 2 (feste Abhebung) gewählt wurde, wird die Anweisungsfolge ausgeführt, die auf ELSE folgt (vgl. Kap. 10.3.2). Beide Anweisungsfolgen sind durch BEGIN und END begrenzt. Die Programmzeile 22 weist die DVA an, einen „festen Text" von 16 Strichen in einer Druckzeile zur Trennung der Ein- und Ausgabedaten auszudrucken. Die folgende arithmetische Zuordnungsanweisung (Programmzeile 23) gibt den zu berechnenden Formelausdruck für das Endkapital bei festen Sparraten an. Die Potenzierung wird wie in Programmzeile 20 mit Hilfe von Standardfunktionen ausgedrückt. Die Programmzeile 26 entspricht der Programmzeile 22 im anderen Zweig des Programms. Die darauf folgende arithmetische Zuordnungsanweisung (Programmzeile 27) gibt den zu berechnenden Formelausdruck für das Endkapital bei fester Abhebung an.
29	Mit Hilfe dieser Ausgabeanweisung wird der Ausgabetext und der Wert des Ergebnisses in einer Zeile ausgedruckt.

13.3 Berechnung von quadratischen Gleichungen

Aufgabenstellung

In vielen Bereichen der Naturwissenschaft und Technik müssen quadratische Gleichungen gelöst werden. Sie lassen sich alle auf die Form

$$ax^2 + bx + c = \emptyset$$

bringen. Es soll ein Programm geschrieben werden, das die Lösungen der quadratischen Gleichung für alle möglichen Werte von a, b und c ausgibt.

Problemformulierung

Die Wurzeln der quadratischen Gleichung ergeben sich nach dem Wurzelsatz von Vieta zu

$$x_{1/2} = -\frac{1}{2} \cdot \frac{b}{a} \pm \sqrt{\frac{1}{4}\frac{b^2}{a^2} - \frac{c}{a}}$$

Dabei kann man drei Fälle unterscheiden:

1. Fall: Der Radikand unter der Wurzel ist positiv. Dann gibt es zwei reelle Lösungen

$$x_1 = -\frac{1}{2}\frac{b}{a} + \sqrt{\frac{1}{4}\frac{b^2}{a^2} - \frac{c}{a}}$$

$$x_2 = -\frac{1}{2}\frac{b}{a} - \sqrt{\frac{1}{4}\frac{b^2}{a^2} - \frac{c}{a}}$$

2. Fall: Der Radikand unter der Wurzel ist Null. Dann gibt es nur eine reelle Lösung

$$x = -\frac{1}{2} \cdot \frac{b}{a}$$

3. Fall: Der Radikand unter der Wurzel ist negativ. Dann gibt es zwei konjugierte komplexe Lösungen

$$x_1 = -\frac{1}{2}\frac{b}{a} + i\sqrt{\frac{c}{a} - \frac{1}{4}\frac{b^2}{a^2}}$$

$$x_2 = -\frac{1}{2}\frac{b}{a} - i\sqrt{\frac{c}{a} - \frac{1}{4}\frac{b^2}{a^2}}$$

Dabei ist $i = \sqrt{-1}$ die imaginäre Einheit.

Zusammenfassung

> Die oben angegebenen drei Fälle der Wurzeln einer quadratischen Gleichung sind zu programmieren.

Programmablaufplan

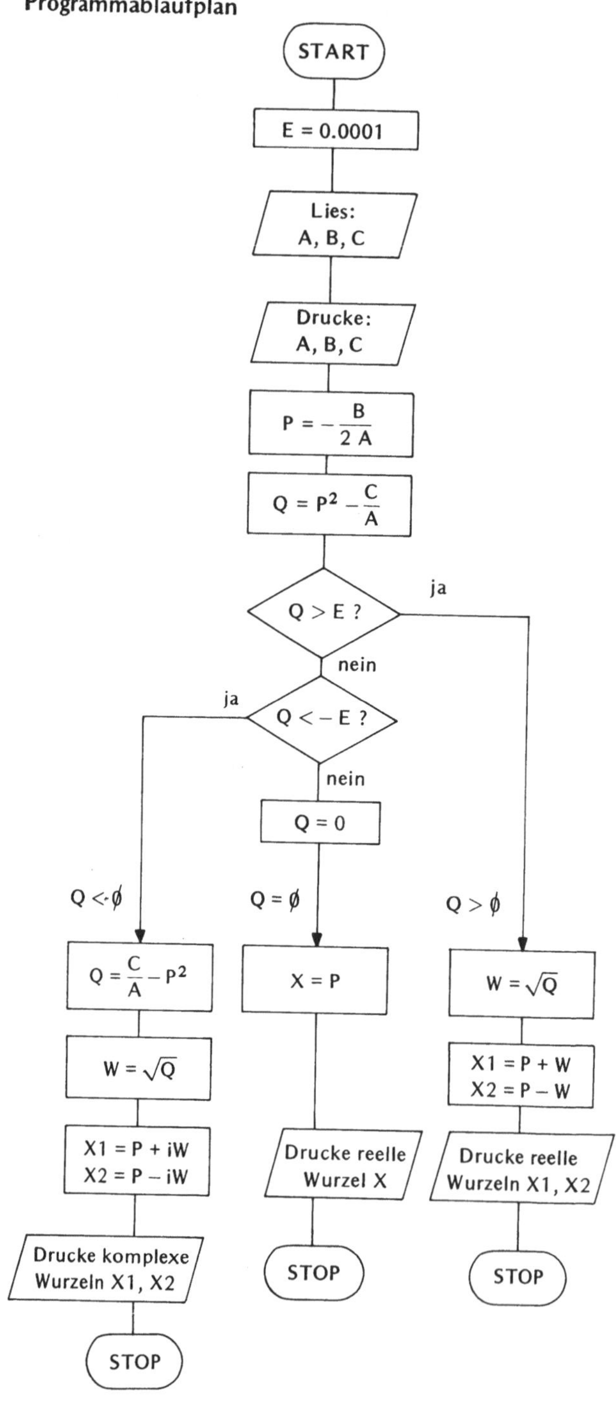

Programmablaufplan

Erläuterungen zum Programmablaufplan

Zunächst werden die variablen Faktoren A, B und C der quadratischen Gleichung einge-lesen. Bei verzweigten Pogrammen empfiehlt es sich, Ausgaben, die für alle Zweige glei-chermaßen gelten, schon vor der Verzweigung auszudrucken. So kann die Ausgabe in jedem einzelnen Zweig eingespart werden. In den meisten Fällen wird es sich, wie hier im Beispiel, um die Ausgabe der Eingabewerte handeln. Daraufhin werden die Hilfsvariablen P und Q berechnet. In Abhängigkeit vom Wert Q findet man bekanntlich 3 verschiedene Lö-sungstypen. Ist $Q < 0$, so erhält man zwei komplexe Lösungen. Ist $Q > 0$, so findet man zwei reelle Lösungen. Ist $Q = 0$, so gibt es nur eine reelle Lösung. Bei der Abfrage, ob eine Variable den Wert Null hat, ist jedoch immer größte Vorsicht geboten, insbesondere, wenn sich dieser Wert aus vorangegangenen Rechnungen ergibt. Vielfach wird durch Näherungen, Rundungen usw. keine echte Null errechnet, sondern nur eine Zahl sehr nahe Null. Aus die-sem Grunde wird in diesem Beispiel gezeigt, wie man sich in solchen Fällen helfen kann.

Mit Hilfe der beiden Verzweigungen wird in diesem Beispiel Q Null gesetzt, wenn der Wert von Q in den Schranken von $-0,0001$ und $+0,0001$ liegt. Je nachdem, ob Q größer, kleiner oder gleich Null ist, wird anschließend der zugehörige Lösungsweg im zugeordneten Zweig weiterverfolgt. Das Ergebnis wird ausgedruckt.

Zur Vereinfachung der Schreibweise wird am Anfang des Programms der Konstante Wert 0,0001 einem Konstantennamen E mit Hilfe einer Konstantenvereinbarung zugeordnet.

Struktogramm

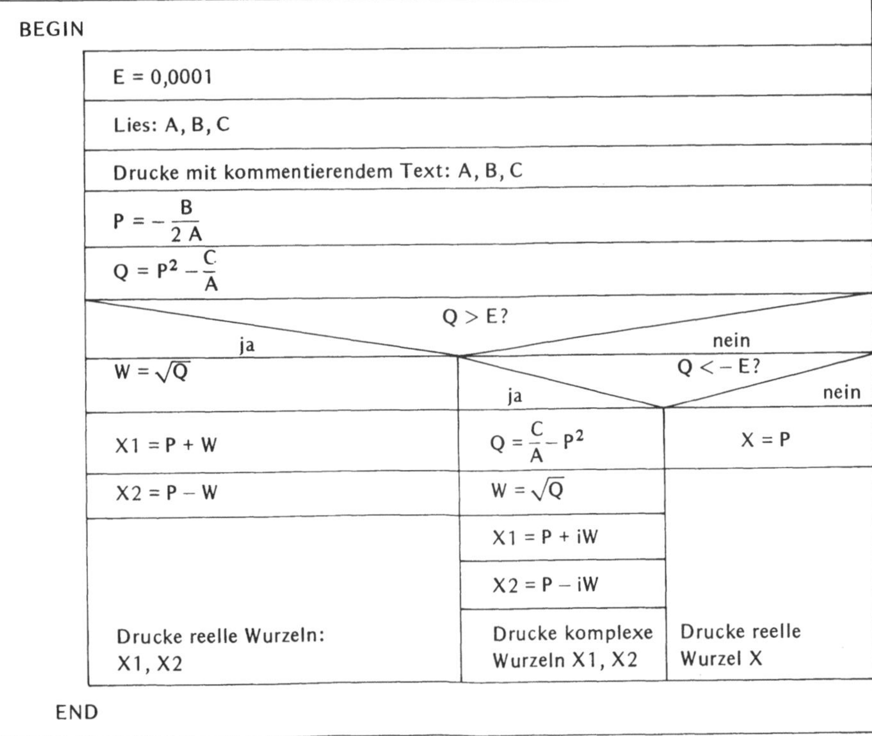

Programm- und Ergebnisausdruck

```
PROGRAM QUADRGLEICHUNG(INPUT,OUTPUT);
(*BERECHNUNG DER WURZELN DER QUADRATISCHEN GLEICHUNG*)
CONST E=0.0001;
VAR A,B,C,Q,W,X1,X2,P:REAL;
BEGIN READ(A,B,C);
    WRITELN('DIE QUADRAT.','GLEICHUNG HAT ','FUER DIE WERTE');
    WRITELN('A=',A);
    WRITELN('B=',B);
    WRITELN('C=',C);
    WRITELN('DIE WURZELN');
    P:=-B/2/A;
    Q:=SQR(P)-C/A;
    IF Q>E THEN BEGIN
                W:=SQRT(Q);
                X1:=P+W;
                X2:=P-W;
                WRITELN('X1=',X1);
                WRITELN('X2=',X2);
                END
            ELSE IF Q<-0.0001 THEN BEGIN
                                G:=C/A-SQR(P);
                                W:=SQRT(Q);
                                WRITELN('X1=',P,' +I',W);
                                WRITELN('X2=',P,' -I',W);
                                END
                        ELSE WRITELN('X=',P)
END.



DIE QUADRAT.GLEICHUNG HAT FUER DIE WERTE
A=              1.000000
B=              6.000000
C=              5.000000
DIE WURZELN
X=             -3.000000



DIE QUADRAT.GLEICHUNG HAT FUER DIE WERTE
A=              1.000000
B=              7.000000
C=              5.000000
DIE WURZELN
X1=            -1.697224
X2=            -5.302776



DIE QUADRAT.GLEICHUNG HAT FUER DIE WERTE
A=              1.000000
B=              5.000000
C=              5.000000
DIE WURZELN
X1=            -2.500000 +I            1.658312
X2=            -2.500000 -I            1.658312
```

Erläuterungen zum Programm

Die Programmierung in PASCAL ergibt sich im wesentlichen direkt aus dem Struktogramm bzw. aus den Erläuterungen zum Programmablaufplan. Der Programmkopf, der Vereinbarungsteil, die Eingabe von Daten und die Ausgabe von Werten mit kommentierenden Texten wurde schon ausführlich in den vorangegangenen Programmen behandelt. Es soll im folgenden nur noch auf Besonderheiten dieses Programmes eingegangen werden bzw. kurz auf die Kapitel hingewiesen werden, wo dies Thema ausführlich behandelt wird.

Progr.-Zeile Nr.	Erläuterung
2	Kommentar im Programm (vgl. 11). Da die Klammern { } auf dem Eingabegerät nicht vorhanden waren, wurden sie durch (* *) ersetzt.
12	Quadrierung mit Hilfe der Standardfunktion SQR (vgl. 6.5).
13	Zweiseitige Verzweigungsanweisung (vgl. 10.3.2). Der THEN-Zweig enthält die Anweisungen 14 bis 19, der ELSE-Zweig die Anweisungen 21 bis 26.
14 bis 19	Anweisungen zur Berechnung der beiden reellen Wurzeln X_1 und X_2.
20	Zweiseitige Verzweigungsanweisung im ELSE-Zweig der zweiseitigen Verzweigungsanweisung in Progr.-Zeile Nr. 13.
21 bis 25	Anweisungsfolge zur Berechnung der beiden komplexen Wurzeln X_1 und X_2. Progr.-Zeile Nr. 21: Für den Fall, daß die Lösung der quadratischen Gleichung zwei komplexe Lösungen liefert, muß der Ausdruck Q anders berechnet werden als wenn sich zwei reelle Lösungen ergeben würden. Diese Rechnung wird durch die angegebene arithmetische Zuordnungsanweisung ausgeführt. Der zuvor errechnete Wert von Q wird dabei durch Überschreiben im Speicher gelöscht. Prog.-Zeile Nr. 23 und 24: Diese beiden Ausgabeanweisungen dienen zur Ausgabe der komplexen Lösungen. Da der Real- und Imaginärteil getrennt berechnet wurden (P und W), müssen sie nun in der Ausgabe zu einem gemeinsamen Ausdruck zusammengefügt werden. Für die erste Lösung wird zunächst der Text "X1 =" gedruckt. Darauf soll der Real- und Imaginärteil der ersten komplexen Wurzel folgen. Zuerst erscheint die Variable P in der Ausgabeliste, da sie den Realteil angibt. Anschließend wird zur Kennzeichnung des folgenden Imaginärteils der Text "+ I" gedruckt. Darauf folgt die Variable W, die stellvertretend für den Wert des Imaginärteils steht. Die zweite komplexe Lösung wird in ähnlicher Form ausgegeben.
26	Anweisung zur Berechnung, wenn nur *eine* reelle Lösung vorliegt.

Erläuterung zum Ergebnisausdruck

Der auf das Programm folgende Ergebnisausdruck zeigt die Eingabewerte und die zugehörigen Ergebnisse für den Fall, daß

— eine reelle Lösung
— zwei reelle Lösungen bzw.
— zwei komplexe Lösungen auftreten.

13.4 Wechselkursberechnung

Aufgabenstellung

Die Wechselkursberechnung einer Bank soll auf Datenverarbeitung umgestellt werden. Dazu ist ein Programm zu schreiben. Zur schnellen Abwicklung am Schalter wird jedem Wechselkurs eine Kennummer zugeordnet. Mit Hilfe einer am Schalter vorhandenen Tastatur wird die Kennummer und der ausländische Währungsbetrag eingegeben. Auf einem Bildschirm oder einem Ausdruck soll der ausländische und der zugehörige deutsche Währungsbetrag angezeigt werden.

Es soll ein Programm erstellt werden, das die Möglichkeit bietet, folgende 6 fremden Währungen in die deutsche Währung umzurechnen.

Kenn-Nr.	Währung	DM-Kurs
1	1 Am. Dollar	1,731
2	1 Engl. Pfund	3,944
3	1 Schw. Franken	1,077
4	1 Franz. Franken	0,427
5	1 Öst. Schilling	0,139
6	1 Holl. Gulden	0,906

Die angegebenen DM-Kurse hatten am 26.1.1980 Gültigkeit. Sie sind vor Geschäftsbeginn jeweils den neuen Gegebenheiten anzupassen.

Zusammenfassung

> Beliebige Beträge der oben angegebenen ausländischen Währungen sollen zu den jeweiligen Tageskursen in die deutsche Währung umgerechnet werden.

Bevor der Programmablaufplan gezeichnet wird, ist es empfehlenswert, sich Gedanken über sinnvolle Abkürzungen für längere Begriffe zu machen, die später im Programmablaufplan verwendet werden sollen. Dies erspart viel Schreibarbeit. Die Abkürzungen sollten dabei so gewählt werden, daß sie im Programm auch als Variablennamen dienen können. Für dieses Beispiel wurden folgende Abkürzungen gewählt:

Begriff	Abk. im Programmablaufplan	Variablenname im Programm
Kennummer der Währung	I	I
Kurswert der ausländischen Währungseinheit	K	K
Ausländischer Währungsbetrag	A	A
Deutscher Währungsbetrag	D	D

Programmablaufplan

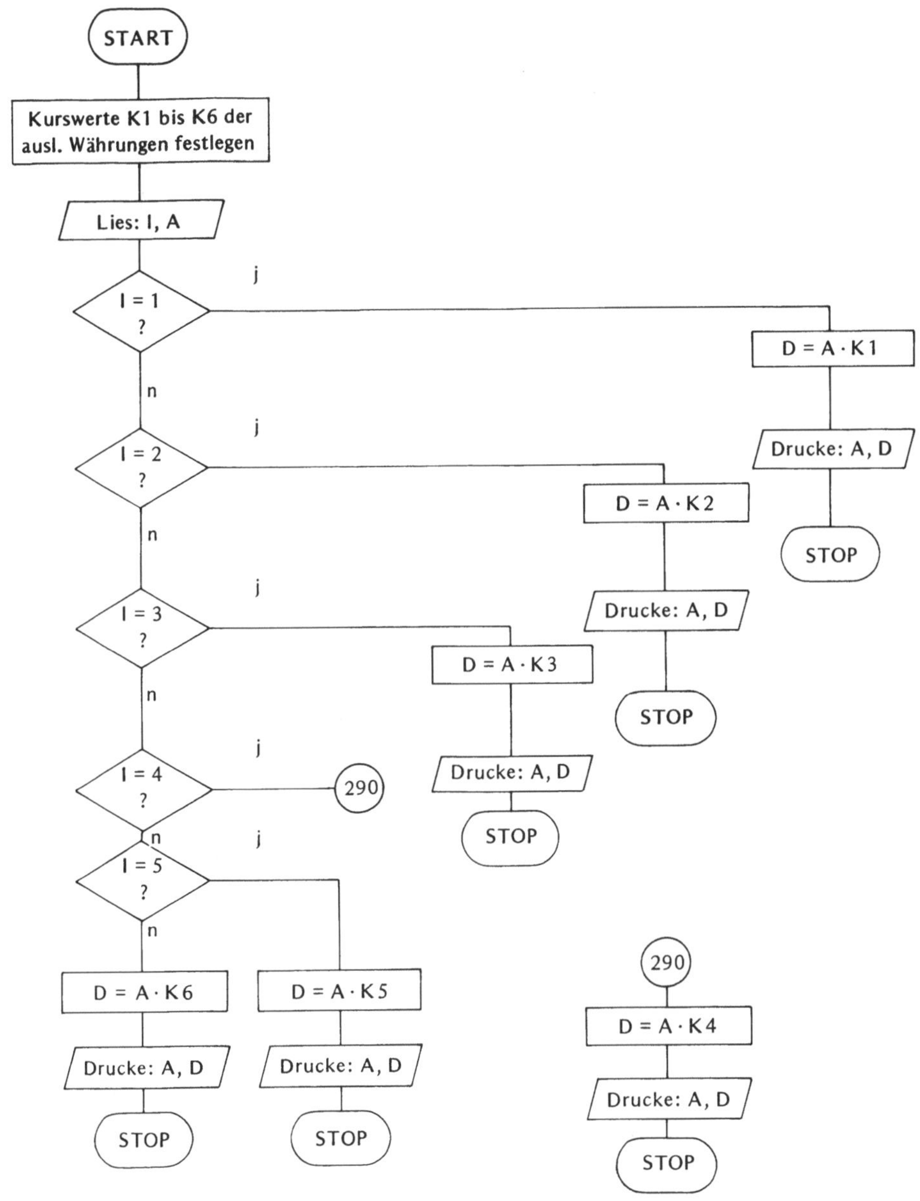

Erläuterungen zum Programmablaufplan

Wie der Programmablaufplan zeigt, werden zunächst die Kurswerte der ausländischen Währungseinheiten festgelegt. Die Kurse liegen somit festprogrammiert vor. Das Bedienungspersonal muß somit nur noch die Kennummer der Währung I sowie den ausländischen Währungsbetrag A eingeben. Je nach Kennummer der Währung werden zur Berechnung des deutschen Währungsbetrages D die jeweiligen Verzweigungen durchlaufen. Der deutsche Währungsbetrag ergibt sich dann aus dem Produkt des ausländischen Währungsbetrages mit dem jeweiligen Kurswert. Anschließend wird der ausländische und der deutsche Währungsbetrag ausgedruckt.

Im Ja-Zweig der Verzweigung mit der Bedingung „I = 4?" wird die Anwendung einer Übergangsstelle, hier mit der Nummer 290, gezeigt. Die Fortsetzung befindet sich rechts unten im Programmablaufplan.

Struktogramm

BEGIN					
Kurswerte K1 bis K6 der ausländischen Währungen festlegen.					
Lese: Kennziffer I, ausländischen Währungsbetrag A					
Kennziffer I					
1	2	3	4	5	6
Drucke: A Am. Dollar	Drucke: A Engl. Pfund	Drucke: A Schw. Franken	Drucke: A Franz. Franken	Drucke: A Öst. Schilling	Drucke: A Holl. Gulden
Kennziffer I					
1	2	3	4	5	6
$D = A \cdot K1$	$D = A \cdot K2$	$D = A \cdot K3$	$D = A \cdot K4$	$D = A \cdot K5$	$D = A \cdot K6$
Drucke: D DM					
END					

Da in der Programmiersprache PASCAL eine Mehrfachverzweigungsanweisung existiert, müssen nicht mehrere Programmverzweigungsanweisungen aneinander gereiht werden, wie es z. B. der Programmablaufplan aufzeigt. Es kann somit in PASCAL-Programmen der übersichtlichen Form des Struktogrammes gefolgt werden.

Programm- und Ergebnisausdruck

```
PROGRAM WECHSELKURS(INPUT,OUTPUT);
VAR I:INTEGER;
    K1,K2,K3,K4,K5,K6,N,A,D:REAL;
BEGIN K1:=1.731;
      K2:=3.944;
      K3:=1.077;
      K4:=0.427;
      K5:=0.139;
      K6:=0.906;
      READ(I,A);
      CASE I OF
        1:WRITELN(A,' AM.DOLLAR');
        2:WRITELN(A,'ENGL.PFUND');
        3:WRITELN(A,'SCW.FRANKEN');
        4:WRITELN(A,'FRANZ.FRANKEN');
        5:WRITELN(A,' OEST.SCHILLING');
        6:WRITELN(A,'HOLL.GULDEN');
      END;
      CASE I OF
        1:D:=A*K1;
        2:D:=A*K2;
        3:D:=A*K3;
        4:D:=A*K4;
        5:D:=A*K5;
        6:D:=A*K6;
      END;
      WRITELN(D,' DM')
END.


100.0000 AM.DOLLAR
173.1000 DM


500.0000 OEST.SCHILLING
69.4999 DM
```

Erläuterungen zum Programm

Progr.-Zeile Nr.	Erläuterung
1	Im Programmkopf wird als Programmname für das gesamte Programm WECHSEL-KURS vereinbart (vgl. 7.1).
2 u. 3	Im Variablenvereinbarungsteil wird der Typ der Variablen vereinbart (vgl. 7.2.3). Die Variable I, die die Kennummer der fremden Währung angibt, wird als INTEGER-Größe vereinbart. Alle anderen Variablen werden als REAL-Größe vereinbart. Es handelt sich hierbei um die Variablen K 1 bis K 6 für die Kurswerte der fremden Währungen, dem ausländischen Währungsbetrag A und dem deutschen Währungsbetrag D. Der Variablenname N wurde ebenfalls als REAL-Größe vereinbart, aber nicht im Programm verwendet. Dies zeigt, daß mehr Variable vereinbart werden dürfen, als benötigt, ohne daß es zu einer Fehlermeldung kommt.
4 bis 9	Diese arithmetischen Zuordnungsanweisungen weisen den verschiedenen ausländischen Währungseinheiten den deutschen Kurswert zu. K 1 gibt z. B. den Betrag in DM an, den man für einen am. Dollar bekommt. Die Ziffer 1 nach dem K (Kurs) stellt dabei die Kennziffer der Währung dar.

Progr.-Zeile Nr.	Erläuterung
1∅	Die Kennziffer I sowie der ausländische Währungsbetrag A wird mit Hilfe der READ-Anweisung eingegeben (vgl. 9.1).
11 bis 18	Mit Hilfe der Mehrfachverzweigungsanweisung CASE (vgl. 10.3.3) wird der ausländische Währungsbetrag A zusammen mit dem Namen der Währung in einer Zeile ausgegeben. Der Währungsbetrag hätte auch ohne Mehrfachverzweigung ausgegeben werden können. Der Name der Währung ändert sich jedoch je nach Größe der eingegebenen Kennziffer I. Der gewünschte Name der Währung wird mit Hilfe der Kennziffer I über die Mehrfachverzweigungsanweisung ausgewählt. Die Mehrfachverzweigungsanweisung muß nach END mit einem Semikolon abgeschlossen werden.
19 bis 26	Mit Hilfe dieser Mehrfachverzweigungsanweisung wird der deutsche Währungsbetrag D aus dem ausländischen Währungsbetrag A und dem jeweiligen Kurswert für die vorkommenden Fälle der Kennziffern I = 1 bis 6 errechnet.
27	Die Höhe des deutschen Währungsbetrages wird in einer zweiten Zeile zusammen mit dem Text "DM" ausgegeben.

13.5 Raketenzuverlässigkeit

Aufgabenstellung

Die erste Stufe einer Rakete besteht aus 8 Raketenmotoren. Jeder dieser 8 Motoren besitzt eine Wahrscheinlichkeit von z. B. 0,95 dafür, daß er bei einem Raketenstart nicht versagt. Im Falle eines Motorversagens wird die Funktionstüchtigkeit der anderen Motoren nicht beeinträchtigt. Wie groß ist die Wahrscheinlichkeit für einen erfolgreichen Raketenstart, wenn mindestens 6 von 8 Motoren funktionieren müssen?

Problemformulierung

Die Wahrscheinlichkeit, daß ein Motor zuverlässig arbeitet, ist p_M. Die Wahrscheinlichkeit, daß ein Motor versagt, ist demnach $q_M = 1 - p_M$. Für den erfolgreichen Start müssen *mindestens* 6 Motoren funktionieren, d. h. es dürfen *höchstens* zwei Motoren versagen. Die Wahrscheinlichkeit für einen erfolgreichen Raketenstart setzt sich daher aus den Wahrscheinlichkeiten zusammen, daß

- *entweder genau* 6 Motoren funktionieren *und genau* zwei Motoren defekt sind,
- *oder genau* 7 Motoren funktionieren *und genau* 1 Motor defekt ist,
- *oder genau* 8 Motoren funktionieren *und genau* 0 Motoren defekt sind.

Da es für den Start gleichgültig ist, welcher der Motoren ausfällt bzw. intakt bleibt, sind alle Kombinationen intakter Motoren für einen erfolgreichen Start günstige Fälle für die gesuchte Wahrscheinlichkeit. Die Zahl der jeweils möglichen Kombinationen ist daher mit der Wahrscheinlichkeit der drei oben genannten Fälle zu multiplizieren. Die Zahl der Kombinationen ergibt sich allgemein für n Motoren, von denen i intakt bleiben müssen, zu

$$\binom{n}{i} = \frac{n!}{i!\,(n-i)!}$$

Dabei versteht man z. B. unter n! das Produkt aus $1 \cdot 2 \cdot 3 \cdots n$.

Die Wahrscheinlichkeit, daß genau 6 von 8 Motoren funktionieren, ist somit

$$p_6 = \binom{8}{6} p_M{}^6 \cdot q_M{}^2,$$

daß genau 7 von 8 Motoren funktionieren,

$$p_7 = \binom{8}{7} p_M{}^7 \cdot q_M{}^1$$

und daß genau 8 von 8 Motoren funktionieren,

$$p_8 = \binom{8}{8} p_M \cdot q_M{}^0.$$

Nach den Regeln der Wahrscheinlichkeit ergibt sich aus diesen Einzelwahrscheinlichkeiten folgende Startwahrscheinlichkeit

$$p_R = p_6 + p_7 + p_8$$

Zusammenfassung

Die vorher genannte Problematik läßt sich auch allgemeiner durch den binomischen Satz für die konstanten Wahrscheinlichkeiten p_M und q_M wie folgt ausdrücken:

$$p_R = \sum_{i=k}^{n} \binom{n}{i} p_M{}^i (1 - p_M)^{n-i}$$

p_R gibt die Erfolgswahrscheinlichkeit des Raketenstarts an. Die Erfolgswahrscheinlichkeit eines einzelnen Motors ist p_M. Dessen Versagenswahrscheinlichkeit ist $(1 - p_M) = q_M$. Von n Motoren müssen mindestens k Motoren für einen erfolgreichen Start funktionieren. Dies führt, wie im Beispiel gezeigt wurde, zu einer Summierung von mehreren Ausdrücken. Dieser Summenausdruck wird durch das Zeichen Σ symbolisiert. Der unter dem Summenzeichen vermerkte Index i läuft von k bis zum Wert n, der über dem Summenzeichen steht. Praktisch geht man bei der Auflösung dieses Ausdruckes so vor, daß man zunächst den Index i in dem auf das Summenzeichen folgenden Ausdruck gleich k setzt. Dazu addiert man den gleichen Ausdruck, jedoch mit dem Index $i = k + 1$ usw. Der Index i wird in dem Ausdruck solange um 1 erhöht, bis der Index den Wert n erreicht. Durch die Programmierung dieser allgemeinen Form können alle Probleme dieser Art ohne Änderung des Programms gelöst werden.

Struktogramm

Wie noch gezeigt wird, sind zur Lösung des Problems 4 Programmschleifen nötig. Der Programmablaufplan weist für Schleifen kein spezielles Sinnbild auf. Eine Programmschleife ist im Programmablaufplan nur in Verbindung von einer Verzweigungsanweisung mit einem Rücksprung darstellbar. Sprunganweisungen sollen jedoch vermieden werden, insbesondere da PASCAL für alle denkbaren Anwendungsfälle geeignete Schleifenanweisungen zur Verfügung stellt. Zur Darstellung in Struktogrammen existieren hingegen Sinnbilder für Programmschleifen. Aus diesem Grunde soll hier auf die Darstellung eines Programmablaufplanes verzichtet werden und allein das Struktogramm angegeben werden.

```
BEGIN
    Lies und Drucke: PM, N, K

    PSUM = ∅

    Wiederhole: I = K bis N

        M = N − I

        Berechne N!

        Berechne I!

        Berechne M!

        Berechnung von  N!/(I! M!) · PM^I (1 − PM)^M

        Berechnung der Summe  Σ (I=K bis N)  N!/(I! M!) · PM^I (1 − PM)^M

    Schreibe: Summe PSUM
END
```

Struktogramm zum Berechnen der Fakultäten

Am Beispiel von N! (PASCAL Name: FAKN) soll das Struktogramm dargestellt werden.
Entsprechendes gilt für I! und M!.

```
BEGIN
    Anfangswert setzen: FAKN = 1

    Wiederhole: L = 1 bis N

        FAKN = FAKN * L
END
```

Erläuterungen zu den Struktogrammen

Sinn des Struktogrammes ist es u. a., das logische Konzept eines Programmes übersichtlich
darzustellen. Bei umfangreichen Beispielen würde die erste Übersicht leiden, wenn ein
Struktogramm zu detailliert wäre. Daher empfiehlt es sich in solchen Fällen, zunächst ein
gröberes Struktogramm zu erstellen. Spezielle Probleme des Grobplanes werden, falls
nötig, ergänzend in einem detaillierten Struktogramm behandelt. Diese Möglichkeit wird
in diesem Beispiel aufgezeigt, auch wenn es in diesem Falle nicht unbedingt nötig gewesen
wäre.

Nach Eingabe der Parameterwerte für PM, N und K werden diese Werte sofort zur Dokumentation ausgedruckt. Eine Ausgabe an anderer Stelle des Programmes ist nicht zu emp-
fehlen, da der Wert K während des Programmablaufs durch die Schleifendurchläufe verändert wird. Zur Berechnung des Ausdrucks $\binom{N}{I} = \frac{N!}{I!\,(N-I)!}$ wird zunächst der Wert für

$M = N - I$ errechnet. I nimmt dabei in den Schleifendurchläufen die Werte von K bis N ein. Zunächst wird der Wert $I = K$ angenommen. Für diesen Fall werden die Fakultäten N!, I! und M! ermittelt. Dieser Vorgang wird im zweiten detaillierten Struktogramm exemplarisch für N! gezeigt. Nach der Berechnung der genannten Fakultäten kann der Ausdruck $\binom{N}{I} PM^I (1 - PM)^M$ für $I = K$ berechnet werden. Dies ist das erste Glied des gewünschten Summenausdrucks. Das nächste Glied der Summe gewinnt man, indem man den Index I um 1 erhöht und mit diesem Wert den Ausdruck $\binom{N}{I} PM^I (1 - PM)^M$ erneut berechnet. Dieser Vorgang wird solange wiederholt, bis der Index I den Wert N erreicht. Das Ergebnis der Summierung wird ausgedruckt.

Programm- und Ergebnisausdruck

```
PROGRAM ZUVERLAESSIGKEIT(INPUT,OUTPUT);
VAR K,N,M,I,L :INTEGER;
    PM,PSUM,PZUV,FAKN,FAKK,FAKM:REAL;
BEGIN READ(PM,N,K);
    WRITELN('DIE ','ZUVERLAESSIGKEIT',' EINES KVN-','SYSTEMS IST FUER');
    WRITELN('K=',K,'   UND   N=',N,'   MIT   PM=',PM);
    PSUM:=0;
    FOR I:=K TO N DO
        BEGIN M:=N-I;
                FAKN:=1;
                FAKK:=1;
                FAKM:=1;
                FOR L:=1 TO N DO FAKN:=FAKN*L;
                FOR L:=1 TO I DO FAKK:=FAKK*L;
                FOR L:=1 TO M DO FAKM:=FAKM*L;
                PZUV:=(FAKN/FAKM/FAKK)*(EXP(I*LN(PM)))*(EXP(M*LN(1-PM)));
                PSUM:=PSUM+PZUV;
        END;
    WRITELN('PR=',PSUM)
END.
```

```
DIE ZUVERLAESSIGKEIT EINES KVN-SYSTEMS IST FUER
K=        6   UND   N=          6   MIT   PM=              0.9499999
PR=           0.9942108
```

Erläuterungen zum Programm

Progr.-Zeile Nr.	Erläuterung
8	FOR-Schleifenanweisung zur Berechnung der Summe $\sum\limits_{I=K}^{N}$. Durch eine Änderung des Wertes der Variablen I ändern sich innerhalb des Schleifenbereiches (Prog.Zeile Nr. 8 bis 18) die Werte der Variablen M (Prog.Zeile Nr. 9), FAKK (Progr.Zeile Nr. 14, FAKM (Prog.Zeile Nr. 15) und PZUV (Progr.Zeile Nr. 16).
10 bis 12	Anfangswerte für die Berechnung der Fakultätswerte (Progr.Zeile Nr. 13 bis 15).
13	FOR-Schleifenanweisung zur Berechnung von N!. Sie liegt innerhalb der äußeren Schleife (Progr.Zeile Nr. 8). Die mehrfach auszuführende Anweisung ist die arithmetische Zuordnungsanweisung FAKN=FAKN ∗ L. Die Laufvariable L durchläuft dabei die Werte von L = 1 bis L = N mit der Schrittweite 1. Nach Abschluß aller N Schleifendurchläufe beinhaltet die Variable FAKN den Wert der Fakultät N. Wird die Schleife das erstemal durchlaufen, müssen alle Glieder der rechten Seite der arithmetischen Zuordnungsanweisung FAKN=FAKN ∗ L bekannt sein. Da die Laufvariable L in der Schleifenanweisung direkt durch Werte spezifiziert wird, muß nur noch ein Anfangswert für die Variable FAKN vorgegeben werden. Dies geschieht mit Hilfe der arithmetischen Zuordnungsanweisung in Progr.Zeile Nr. 10.
14	Schleife zur Berechnung von I! (FAKI). Sie verläuft in gleicher Weise wie die vorangegangene Berechnung von N!. Nach Abschluß aller I-Schleifendurchläufe beinhaltet die Variable FAKI den Wert der Fakultät I: FAKI entspricht FAKK.
15	Schleife zur Berechnung von M! (FAKM) in gleicher Weise wie in den vorangegangenen Berechnungen von N! und I!. Nach M Schleifendurchläufen beinhaltet die Variable FAKM den Wert der Fakultät M.
16	Berechnung der Zuverlässigkeit für die z. Z. geltenden Werte von N!, I! und M! mit Hilfe des Ausdrucks $\binom{N}{I} P_M^{I} (1 - P_M)^M$. Das Ergebnis wird der Variablen PZUV zugeordnet. FAKI entspricht FAKK. (Vgl. Progr.Zeile Nr. 14).
17	Diese arithmetische Zuordnungsanweisung dient dazu, die Summierung der einzelnen Zuverlässigkeitswerte in den Schleifendurchläufen (äußere Schleife) vorzunehmen. Für den ersten Durchlauf des Programms wurde der Anfangswert von PSUM mit Hilfe der arithmetischen Zuordnungsanweisung PSUM := ∅ (Zeile Nr. 7) festgelegt.
19	Wenn die einzelnen Zuverlässigkeitswerte aufsummiert sind, kann das Ergebnis mit einem erklärenden Text ausgegeben werden.

Erläuterungen zum Ergebnisausdruck

Es wurde hier beispielhaft von N = 8 Motoren mit einer Motorenzuverlässigkeit von je 0,95 ausgegangen. Dieser Werte wurde nicht exakt ausgegeben, sondern durch die interne Darstellung des Wertes in der DVA durch den Wert 0,9499999. Die Startwahrscheinlichkeit beträgt ca. 99 %, wenn 6 von 8 Motoren zum Start benötigt werden.

13.6 Berechnung der Zuchtzeit von Bazillen

Aufgabenstellung

Ein Forscher züchtet auf einem Nährboden Bazillen, die sich durch Spaltung alle Stunden teilen. Der Spaltungsfaktor gibt die Zahl der Bazillen an, die durch Spaltung aus einer Bazille entstehen. Er sei in diesem Falle 5. Wann hat er die für einen Versuch benötigte Anzahl von mindestens 50 Millionen Bazillen gezüchtet, wenn er am Anfang 5 Bazillen auf den Nährboden bringt?

Problemformulierung

Mathematisch Interessierte werden erkennen, daß hier indirekt nach der Zahl der Glieder einer geometrischen Reihe gefragt ist, bis eines der Glieder einen bestimmten Wert überschreitet. Diese Aufgabe läßt sich jedoch auch ohne Kenntnis des mathematischen Hintergrundes mit Hilfe eines vergleichsweise einfachen Programms lösen. Diesen Weg zeigt das folgende Struktogramm. Auf eine Zusammenfassung wird wegen der einfachen Aufgabenstellung verzichtet.

Zu Beginn des Programmes müssen die Werte eingegeben werden, mit denen gerechnet werden soll. Es handelt sich hier um die Anzahl der Bazillen der 1. Generation (Abk.: G), ihrem Spaltungsfaktor (Abk.: SPF) und der gewünschten Mindestgrenze der Bazillen (Abk.: N). Der Stundenzähler für die Zuchtzeit sei I. Er wird am Anfang Null gesetzt (I = 0).

Struktogramm

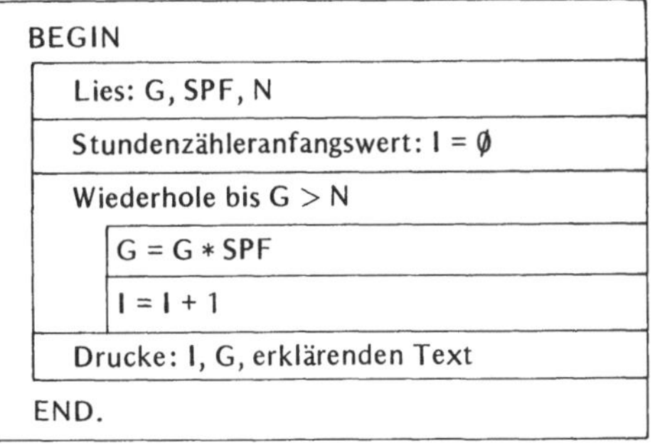

Erläuterungen zum Struktogramm

Nach der 1. Spaltung ergibt sich die Anzahl der Bazillen der 2. Generation durch Multiplikation der Anzahl der Bazillen der 1. Generation mit ihrem Spaltungsfaktor (G = G * SPF). Daraufhin kann der Stundenzähler um eine Stunde erhöht werden (I = I + 1). Wenn die Zahl der Bazillen kleiner als die gewünschte Zahl der Bazillen ist, muß eine weitere Spaltung abgewartet werden. Dies geschieht nach dem gleichen Algorithmus wie vorher. Durch seine Wiederverwendung kommt man zu der im Struktogramm ersichtlichen Schleife (4.2). Diese Schleife wird solange durchlaufen, bis die Zahl der gezüchteten Bazillen größer oder gleich der Zahl der gewünschten Bazillen ist. Dann wird die Züchtung abgebrochen. Die Zahl der gezüchteten Bazillen und die Zuchtzeit wird ausgegeben.

Programm- und Ergebnisausdruck

```
PROGRAM ZUCHTZEIT(INPUT,OUTPUT);
VAR SPF,I:INTEGER;
    G,N:REAL;
BEGIN READ(G,SPF,N);
   I:=0;
      REPEAT G:=G*SPF;
             I:=I+1;
      UNTIL G>N;
   WRITELN('NACH',I,' STD. SIND',G,' BAZILLEN ','GEZUECHTET')
END.



NACH        11 STD. SIND        0.2441406E 09 BAZILLEN GEZUECHTET
```

Erläuterungen zum Programm

Die Anweisungen in der Programmzeile 6 bis 8 bilden den eigentlichen Schleifenbereich.
Die Schleife wird hier durch eine REPEAT-Schleifenanweisung (vgl. 10.4.2) realisiert. Die
Programmschleife soll im folgenden näher erläutert werden.

Progr.-Zeile Nr.	Erläuterung
6	Die Zahl der Bazillen der jeweils neuen Generation ergibt sich durch Multiplikation der Zahl der Bazillen der vorangegangenen Generation mit dem zugehörigen Spaltungsfaktor. Dies bewirkt der arithmetische Ausdruck G := G * SPF. Im 1. Schleifendurchlauf müssen die Anfangswerte der Variablen G und SPF bekannt sein, damit diese arithmetische Zuordnungsanweisung ausgeführt werden kann. Diese Anfangswerte werden mit Hilfe der Eingabeanweisung in Progr. Zeile Nr. 4 eingelesen.
7	Diese arithmetische Zuordnungsanweisung des Stundenzählers ist im Prinzip ähnlich aufgebaut, wie die vorangegangene arithmetische Zuordnungsanweisung. Der Anfangswert von I wird hier jedoch nicht eingelesen, sondern mit Hilfe einer weiteren arithmetischen Zuordnungsanweisung (Progr. Zeile Nr. 5) vorher festgelegt.
8	Das Schlüsselwort UNTIL dient zusammen mit der Bedingung G > N zur Beendung bzw. Fortsetzung der Schleifendurchläufe (vgl. 10.4.2). Solange G kleiner als N ist, wird der Schleifenbereich noch einmal durchlaufen, d. h. es werden die auf REPEAT folgenden Anweisungen G := G * SPF und I := I + 1 noch einmal ausgeführt. Ist G jedoch größer oder gleich N, wird zum nächstfolgenden Befehl, der Ausgabeanweisung (Progr.Zeile Nr. 9), übergegangen.

13.7 Bremswegberechnung

Aufgabenstellung

Der Fahrer eines Autos kennt nur die Geschwindigkeit und das Bremsvermögen seines eigenen Fahrzeuges. Er sollte sich daher in seiner Fahrweise so einrichten, daß sein Bremsweg kleiner oder höchstens gleich dem Abstand zu einem vorherfahrenden Fahrzeug ist. Auf diese Weise können Auffahrunfälle vermieden werden. Zur Verdeutlichung, wie stark der Bremsweg mit steigender Geschwindigkeit wächst, soll der Bremsweg eines Autos als Funktion der Geschwindigkeit in Form einer Tabelle dargestellt werden. Der Bremsweg soll dazu in Schritten von 10 km/h für den Geschwindigkeitsbereich von 0 bis 200 km/h berechnet werden. Als Bremsverzögerung des Autos auf trockener Straße wird $b = 5 \text{ m/s}^2$ angenommen.

Problemformulierung

Aus der Bewegungslehre sind für gleichmäßig beschleunigte Bewegungen folgende Gleichungen bekannt:

$$s_\text{B} = \frac{1}{2} b t^2 \tag{1}$$

$$v = b \cdot t \tag{2}$$

Gleichung (1) gibt den Bremsweg s_B als Funktion der Bremsverzögerung b und der Bremszeit t an. Die Bremszeit ist jedoch nicht bekannt. Sie kann mit Hilfe der Gleichung (2) aus Geschwindigkeit v und Bremsverzögerung b wie folgt ermittelt werden:

$$t = \frac{v}{b}$$

Setzt man diese Zeit in Gleichung (1) ein, so ergibt sich der Bremsweg aus den dem Fahrer bekannten Größen v und b zu

$$s_\text{B} = \frac{v^2}{2b}$$

Zusammenfassung

Der Bremsweg eines Autos ergibt sich aus der Beziehung

$$s_\text{B} = \frac{v^2}{2b}$$

Diese allgemeine Beziehung ist zu programmieren. Eingabewerte sind in diesem Falle $b = 5 \text{ m/s}^2$; $v = 0$ bis 200 km/h mit der Schrittweite von 10 km/h.

Struktogramm

Programmschleifen sind mit den Sinnbildern des Programmablaufplanes nur über Verzweigungen darstellbar. PASCAL kennt jedoch verschiedene Formen von Schleifenanweisungen, so daß eine Programmierung über Verzweigungs- und Sprunganweisungen überflüssig wird. Die PASCAL-Programmstruktur wird daher durch ein Struktogramm besser beschrieben. Auf die Darstellung eines Programmablaufplanes kann verzichetet werden.

```
┌─────────────────────────────────────────────────────────────────┐
│ BEGIN                                                             │
│  ┌──────────────────────────────────────────────────────────────┤
│  │ Lies: Bremsverzögerung B,                                     │
│  │        obere Schranke der Geschwindigkeit SCHRANKE            │
│  ├──────────────────────────────────────────────────────────────┤
│  │ Drucke: Eingabewert B mit erläuterndem Text                  │
│  │          Überschrift für Tabelle                              │
│  ├──────────────────────────────────────────────────────────────┤
│  │ GESCHW = 0                                                    │
│  │ BWEG = 0                                                      │
│  ├──────────────────────────────────────────────────────────────┤
│  │ Wiederhole bis GESCHW ⩽ SCHRANKE                              │
│  │  ┌───────────────────────────────────────────────────────────┤
│  │  │ Drucke: GESCHW, BWEG                                       │
│  │  ├───────────────────────────────────────────────────────────┤
│  │  │ GESCHW = GESCHW + 10                                       │
│  │  ├───────────────────────────────────────────────────────────┤
│  │  │ Berechnung des Bremsweges für die zugehörige Geschwindigkeit│
│ END                                                               │
└─────────────────────────────────────────────────────────────────┘
```

Erläuterungen zum Struktogramm

Zunächst wird die Bremsverzögerung (Abk.: B) eingegeben. Die gewünschten Geschwindigkeitswerte (Abk.: GESCHW) werden hingegen mit Hilfe einer Programmschleife erzeugt. Mit diesen Werten kann anschließend der Bremsweg (Abk.: BWEG) berechnet werden. Vor Schleifenbeginn werden die Anfangswerte der Schleife gesetzt (Geschw = 0, Bweg = 0). Diese Werte werden im ersten Schleifendurchlauf ausgedruckt. Anschließend wird die Geschwindigkeit entsprechend der Aufgabenstellung um 10 erhöht. Für diese Geschwindigkeit wird daraufhin der Bremsweg berechnet. Dann beginnt der nächste Schleifendurchlauf. Die Schleife wird solange durchlaufen, bis die am Anfang des Programms eingegebene obere SCHRANKE der Geschwindigkeit überschritten wird.

Programm- und Ergebnisausdruck

```
PROGRAM BREMSWEG(INPUT,OUTPUT);
VAR B,GESCHW,BWEG,SCHRANKE:REAL;
BEGIN READ(B,SCHRANKE);
    WRITELN('BREMSVERZ. B=',B,' M/S**2');
    WRITELN;
    WRITELN('          GESCHW. ','IN KM/H','              ','BREMSWEG IN M');
    WRITELN;
    GESCHW:=0;
    BWEG:=0;
        WHILE GESCHW<=SCHRANKE DO
                BEGIN WRITELN(GESCHW,BWEG);
                      GESCHW:=GESCHW+10;
                      BWEG:=SQR(GESCHW/3.6)/2/B
                END
END.
```

```
BREMSVERZ. B=            5.000000 M/S**2

     GESCHW. IN KM/H          BREMSWEG IN M

         0.0000000               0.0000000
         10.00000                0.7716048
         20.00000                3.086419
         30.00000                6.944441
         40.00000                12.34568
         50.00000                19.29012
         60.00000                27.77778
         70.00000                37.80862
         80.00000                49.38271
         90.00000                62.50000
        100.0000                 77.16046
        110.0000                 93.36418
        120.0000                111.1111
        130.0000                130.4012
        140.0000                151.2345
        150.0000                173.6111
        160.0000                197.5308
        170.0000                222.9938
        180.0000                250.0000
        190.0000                278.5493
        200.0000                308.6418
```

Erläuterungen zum Programm

Progr.–Zeile Nr.	Erläuterung
4	Der Text "m/s^2" kann in dieser Form nicht ausgegeben werden, da in PASCAL weder ein Höherstellen der Potenz möglich ist, noch ein besonderes Potenzierungssymbol vorgesehen ist. Die Potenzierung wurde hier symbolisch durch zwei Sterne (**) dargestellt.
6	In dieser Druckanweisung wird die Überschrift der Tabelle formuliert. Die Zahl und Anordnung der Leerzeichen wurde so gewählt, damit die Überschriften später über den auszugebenden Werten stehen.
8 und 9	Diese Anweisungen legen die Anfangswerte der Schleife fest.
10	Die Programmschleife wurde hier mit Hilfe der WHILE-Schleifenanweisung formuliert (vgl. 10.4.3). Die Schleife wird nur durchlaufen, wenn die Schleifenbedingung GESCHW $\leqslant$ SCHRANKE erfüllt ist.
11 bis 14	Die zwischen BEGIN und END liegenden Anweisungen werden mehrfach durchlaufen, bis die Schleifenbedingung nicht mehr erfüllt ist. In Zeile 12 wird die Geschwindigkeit jeweils um 10 erhöht. In Zeile 13 wird der zugehörige Bremsweg berechnet. Da die Geschwindigkeit in km/h eingegeben wird, der Bremsweg jedoch in m angegeben werden soll, muß die Geschwindigkeit in m/s umgerechnet werden. Den Umrechnungsfaktor erhält man wie folgt: $$\frac{km}{h} = \frac{1000\,m}{3600\,s} = \frac{1\,m}{3{,}6\,s}$$

Erläuterung zum Ergebnisausdruck

Die Tabelle zeigt, daß die Regel „Bremswegabstand gleich Tachoanzeige" eigentlich nur bei 130 km/h gilt. Wendet man diese Regel für Geschwindigkeiten unter 130 km/h an, so liegt man auf der sicheren Seite. Für Geschwindigkeiten über 130 km/h wird die Anwendung dieser Faustregel jedoch kritisch.

13.8 Bremswegkurve

Aufgabenstellung

Für die vorangegangene Bremswegberechnung (Aufgabe 13.7) sollen die berechneten Werte neben der Tabelle zusätzlich grafisch in Form einer Kurve dargestellt werden.

Die Problemformulierung und der Programmablaufplan kann im wesentlichen aus der vorangegangenen Aufgabe übernommen werden.

Programm- und Ergebnisausdruck

```
FROGRAM KURVE(INPUT,OUTPUT);
VAR BWEGT,I:INTEGER;
    B,GESCHW,BWEG,SCHRANKE:REAL;
BEGIN READ(B,SCHRANKE);
   WRITELN('BREMSVERZ. B=',B,' M/S**2');
   WRITELN;
   WRITELN('          ','GESCHW. IN KM/H','           ','BREMSWEG IN M','   ',
   '0.........100','.........200','........300 ... S');
   WRITELN('                   ',',','                    ',',','            .');
   WRITELN('                   ',',','                    ',',','            .');
   GESCHW:=30;
      WHILE GESCHW<=SCHRANKE DO
            BEGIN BWEG:=SQR(GESCHW/3.6)/2/B;
                  BWEGT:=TRUNC(BWEG/10);
                  WRITE(GESCHW,BWEG,'   ');
                     FOR I:=1 TO BWEGT-1 DO WRITE(' ');
                     WRITELN('*');
                  WRITELN('                   ',',','            ',',','            .');
                  WRITELN('                   ',',','            ',',','            .');
                  GESCHW:=GESCHW+30;
            END;
   WRITELN;
   WRITELN('                        ',',','                ',',','        V')
END.
```

```
EMSVERZ. B=              5.000000 M/S**2

   GESCHW. IN KM/H          BREMSWEG IN M  0.........100.......200.......300...
                                                         .
                                                         .
        30.00000            6.944441      *
                                                         .
                                                         .
        60.00000           27.77776        *
                                                         .
                                                         .
        90.00000           62.50000         .      *
                                                         .
                                                         .
       120.0000          111.1111           .           *
                                                         .
                                                         .
       150.0000          173.6111           .                 *
                                                         .
                                                         .
       180.0000          250.0000           .                      *
                                                         .
                                                         .
       210.0000          340.2776           .                             *
                                                         .
                                                         .
                                                         V
```

Erläuterungen zum Programm

Progr.-Zeile Nr.	Erläuterung
4 bis 7	Diese Anweisungen entsprechen den Anweisungen der vorangegangenen Aufgabe.
8	Fortsetzung der Zeile 7. Mit Hilfe dieses Teiles der Anweisung wird die Koordinate des Bremsweges in Metern ausgedruckt. Die Koordinate wurde hier abgekürzt mit S bezeichnet. Die S-Koordinate beginnt mit dem Nullpunkt. Jeder folgende Punkt steht symbolisch für eine Länge von 10 m. Die Werte 100, 200 und 300 m wurden direkt ausgedruckt. Dabei gibt die erste Ziffer die genaue örtliche Lage der jeweiligen Länge an. Der Ausdruck wird abgeschlossen mit dem Buchstaben S, der die Koordinate kennzeichnet.
9 und 10	Diese beiden Ausgabeanweisungen drucken zwei untereinander stehende Punkte für die Koordinate der Geschwindigkeit in km/h. Die Koordinate wird hier abgekürzt mit V bezeichnet. Jeder Punkt steht symbolisch für eine Geschwindigkeit von 10 km/h. Werte wurden bewußt nicht in der V-Koordinate ausgedruckt, da diese Werte Felder beanspruchen würden, die mit der Druckposition für Kurvenpunkte zusammenfallen können. Die vielen auszudruckenden Leerstellen sind nötig, da die Kurve an die Tabelle anschließt und die Druckpositionen der Tabelle auf diese Weise berücksichtigt werden.

Progr.-Zeile Nr.	Erläuterung
11	Da der Nullpunkt der Kurve schon gezeichnet ist, wird als Anfangswert die Geschwindigkeit auf 30 gesetzt.
12	Die WHILE-Schleifenanweisung entspricht der Anweisung der vorangegangenen Aufgabe. Der Schleifenbereich wird durch BEGIN und END gekennzeichnet. (Progr.-Zeile Nr. 13 und 21). Diese Anweisungen werden solange durchlaufen, bis die Schleifenbedingung GESCHW $\leqslant$ SCHRANKE nicht mehr erfüllt ist.
13	Diese Anweisung entspricht der Anweisung 13 der vorangegangen Aufgabe. Sie dient zur Berechnung des Bremsweges.
14	Bei der Ausgabe von Kurvenpunkten können nur ganzzahlige Druckpositionen angegeben werden. Durch die Standardfunktion TRUNC wird nur die Zahl vor dem Dezimalpunkt zur Weiterverarbeitung übernommen. Weiterhin wird im Argument der Standfunktion der in der Programmzeile 13 errechnete Bremsweg zur Darstellung in der Kurve durch 10 dividiert. Dies ist eine Art Maßstabsfaktor. Da der Bremsweg in dem angegebenen Geschwindigkeitsbereich Werte von ca. 300 m annimmt und somit 300 Druckstellen erfordern würde, wurde die Geschwindigkeit zur Angabe der Druckposition durch den Faktor 10 dividiert. So werden nur ca. 30 Druckpositionen benötigt und die Darstellung der Kurve wird nicht zu groß. Jeder Punkt der Koordinate V steht somit für 10 km/h. Bei dem Ausdruck der S-Koordinate wurde dieser Faktor ebenfalls berücksichtigt (vgl. Progr.-Zeile Nr. 9 und 10, jeder Punkt entspricht 10 m).
15 bis 17	Mit Hilfe der Programmzeile 15 wird innerhalb der Schleife die aus der vorangegangenen Aufgabe bekannte Tabelle ausgedruckt. Die Druckanweisung für diese Zeile ist jedoch noch nicht beendet. Mit Hilfe der FOR-Schleifenanweisung der Programmzeile 16 werden in der gleichen Druckzeile BWEGT-1 Leerstellen gedruckt. Dies ist die Anzahl der Druckstellen, die in der Programmzeile 14 ermittelt wurde, abzüglich einer Druckstelle, denn an die Stelle BWEGT soll der Kurvenpunkt gedruckt werden. Diese Anweisung wird in der Programmzeile 17 gegeben. Der zu druckende Kurvenpunkt wird durch einen Stern (*) dargestellt.
18 und 19	Diese beiden Ausgabeanweisungen drucken wieder zwei Punkte für die V-Koordinate. Sie markieren jeweils 10 km/h-Schritte. Da die Geschwindigkeit in der Rechnung von jeweils 30 km/h erhöht wird, sind diese Punkte erforderlich.
20	Mit Hilfe dieser Anweisung werden hier, im Gegensatz zur vorangegangenen Aufgabe, die Geschwindigkeiten in Schritten von 30 km/h erhöht, um die grafische Darstellung nicht mit zuviel Kurvenpunkten zu versehen.
22	Ausdruck einer Leerzeile.
23	Ausdruck des Buchstabens V zur Kennzeichnung der V-Koordinate.

Erläuterungen zum Ergebnisausdruck

Dieses Beispiel zeigt, daß mit wenig Zusatzaufwand neben einer Tabelle gleichzeitig der Kurvenzug ausgegeben werden kann. Verbindet man die Sterne, so erhält man den gewünschten Kurvenzug.

13.9 Statistik

Aufgabenstellung

Der Mittelwert aus einer Vielzahl von Werten sowie die Abweichung dieser Werte vom
Mittelwert spielt in vielen Fragen des täglichen Lebens eine große Rolle. Es soll daher ein
Programm erstellt werden, das in der Lage ist, aus einer Vielzahl von Werten

— den Mittelwert
— die Varianz (mittlere **quadratische** Abweichung vom Mittelwert)
— die Standardabweichung (positive **Quadrat**wurzel aus der Varianz) zu ermitteln.

Problemformulierung

Der **Mittelwert** $\bar{x}$ ergibt sich aus den Werten x_i für $i = 1, 2, \ldots, n$ durch Summierung der
Einzelwerte und anschließende Division durch die Anzahl der Werte, d. h. formelmäßig zu

$$\bar{x} = \frac{x_1 + x_2 + .. + x_n}{n} = \frac{\displaystyle\sum_{i=1}^{n} x_i}{n}.$$

Das Zeichen $\displaystyle\sum_{i=1}^{n}$ gibt in **Kurzform** an, daß die auf das Zeichen *folgenden* Werte von $i = 1$

bis n summiert werden sollen.

Die **Varianz** v ergibt sich mit Hilfe dieser Kurzschreibweise zu

$$v = \frac{\displaystyle\sum_{i=1}^{n} (x_i - \bar{x})^2}{n - 1}$$

d. h. es wird zu allen Werten x_i die Differenz zum Mittelwert $\bar{x}$ gebildet und diese Differenz
quadriert, so daß nur positive Werte auftreten und diese summiert und durch Division
durch $(n - 1)$ gemittelt.

Die *Standardabweichung* s ergibt sich, indem man die positive Quadratwurzel aus der Varianz bildet, d. h. die vorhergegangene Quadrierung bei der Bildung der Varianz wieder
zurücknimmt.

$$s = +\sqrt{v}.$$

Zusammenfassung

Folgende Formeln sind zu programmieren:

$$\bar{x} = \frac{\displaystyle\sum_{i=1}^{n} x_i}{n} \qquad v = \frac{\displaystyle\sum_{i=1}^{n} (x_i - \bar{x})^2}{n-1} \qquad s = +\sqrt{v}$$

Für den Rechenlauf sei beispielhaft folgende Aufgabe zu lösen:

Bei der Kontrolle von zwei Abfüllmaschinen werden folgende Abfüllungen gemessen (in g):

Messung	1	2	3	4	5	6	7	8
Maschine A	979	1009	1052	947	1042	949	1033	989
Maschine B	994	983	1011	1009	985	1012	1009	997

Auf den Packungen wird als Füllmenge 1000 g angegeben. Der Betriebsingenieur muß einschreiten, wenn die Füllmengen zu stark streuen (z. B. $s \geqslant 20$), da sonst berechtigte Reklamationen der Kunden zu befürchten sind. Es ist zu prüfen, ob beide Maschinen diese Anforderungen erfüllen.

Struktogramm

```
BEGIN
    Lies und drucke die Zahl der Eingabewerte N
    Wiederhole I = 1 bis N
        Lies: X (I)
        Drucke: I, X (I)
    Drucke Trennungsstriche
    Anfangswerte setzen S = Q = 0
    Wiederhole I = 1 bis N
        S = S + X (I)
    M = S/N
    Wiederhole I = 1 bis N
        Q = Q + (X (I) − M)²
    V = Q/(N − 1)
    A = √V
    Drucke: Mittelwert M, Varianz V, Standardabweichung A
END
```

Erläuterungen zum Struktogramm

Zunächst wird die **Zahl** der Eingabewerte eingelesen und zur Kontrolle und Dokumentation ausgedruckt.

Dann werden die Eingabewerte selbst nacheinander in Form eines eindimensionalen Feldes (vgl. Kap. 6.3.3) eingegeben und ebenfalls zur Kontrolle und Dokumentation nacheinander ausgedruckt.

Dann werden die Variablen S und Q Null gesetzt, damit Werte, die vorher möglicherweise in diesen Speicherzellen standen, die folgenden Rechnungen nicht verfälschen können.

Mit Hilfe einer Programmschleife werden alle Eingabewerte summiert. Durch Division mit der Zahl der Eingabewerte erhält man den Mittelwert M. Mit Hilfe einer weiteren Programmschleife werden die Abweichungen der Eingabewerte zum Mittelwert ermittelt $(X (I) - M)$, quadriert und aufsummiert. Die Varianz V ergibt sich daraus durch Division mit $(N - 1)$. Die Standardabweichung ergibt sich, indem man dann aus der Varianz die Quadratwurzel zieht.

Programm- und Ergebnisausdruck

```
PROGRAM STATISTIK(INPUT,OUTPUT);
VAR I,N:INTEGER;
    S,Q,M,V,A:REAL;
    X:ARRAY[1..20] OF REAL;
BEGIN WRITE('ZAHL DER ','EINGABEWERTE',' =');
    READ(N);
  WRITELN(N);
   WRITELN('EINGABEWERTE');
      FOR I:=1 TO N DO
          BEGIN READ (X[I]);
                WRITELN(I,X[I])
          END;
   WRITELN('------------------','------------------');
   S:=0;
   Q:=0;
      FOR I:=1 TO N DO S:=S+X[I];
   M:=S/N;
      FOR I:=1 TO N DO Q:=Q+SQR(X[I]-M);
   V:=Q/(N-1);
   A:=SQRT(V);
   WRITELN('MITTELWERT   ',M);
   WRITELN('VARIANZ      ',V);
   WRITELN('STANDARDABW.',A)
END.



ZAHL DER EINGABEWERTE =          8
EINGABEWERTE
        1            979.0000
        2           1009.000
        3           1052.000
        4            947.0000
        5           1042.000
        6            949.0000
        7           1033.000
        8            989.0000
--------------------------------
MITTELWERT           1000.000
VARIANZ              1658.571
STANDARDABW.           40.72556
```

Erläuterungen zum Programm

Prog.-Zeile Nr.	Erläuterung
4	Innerhalb des Vereinbarungsblocks wird das Feld mit dem Feldnamen X mit 20 Komponenten vom Typ REAL vereinbart (vgl. Kap. 7.2.4). Dadurch werden 20 Speicherplätze reserviert. Die Indexgrenzen müssen Konstanten sein und sind in eckige Klammern zu setzen.
6	Eingabe der tatsächlichen Zahl der Eingabewerte. Diese Zahl muß kleiner oder höchstens gleich der Zahl sein, die durch die Indexgrenzen der Feldvereinbarung festgelegt ist (vgl. Progr.-Zeile Nr. 4). Sie wird später zur Bestimmung der Zahl der Schleifendurchläufe benötigt. Hier werden 8 Werte eingegeben, maximal können jedoch 20 Werte eingegeben werden.
9 bis 12	FOR-Schleifenanweisung zum Einlesen des eindimensionalen Feldes der Eingabewerte (Prog.-Zeile Nr. 10) und zur Ausgabe der Nummer des Eingabewertes (Index) nebst dem zugehörigen Wert (Progr.-Zeile Nr. 11). Die Anweisungsfolge, die mehrfach in der FOR-Schleife durchlaufen wird, muß durch BEGIN und END begrenzt werden. Der Index I der Variablen X ist in eckige Klammern zu setzen (vgl. 6.3.2). Die FORSchleife wird hier zweckmäßig eingesetzt, da die Zahl der Schleifendurchläufe bekannt ist.
13	Zur Trennung der Eingabewerte von den folgenden Ergebnissen werden 32 Trennungsstriche ausgedruckt (Ausgabe von festen Texten, vgl. 9.2.4).
14 und 15	Die Anfangswerte der Variablen S (Summe) und Q (Summe der quadratischen Abweichung vom Mittelwert) werden Null gesetzt. Diese Werte müssen gesetzt werden, da diese in der Prog.-Zeile Nr. 16 und 18 auf der rechten Seite der arithmetischen Zuordnungsanweisung stehen.
16	FOR-Schleifenanweisung zur Summierung der Eingabewerte.
17	Berechnung des Mittelwertes.
18	Schleife zur Summierung der quadrierten Abweichungen der Eingabewerte zum Mittelwert. Die Abweichung der Eingabewerte zum Mittelwert wird ausgedrückt durch $(X [I] - M)$. Die Quadrierung wird hier durch die Standardfunktion SQR vorgenommen.
19	Berechnung der Varianz V.
20	Berechnung der Standardabweichung.
21 bis 23	Ausgabe der berechneten Werte (Mittelwert, Varianz, Standardabweichung) nebst erläuterndem Text.

13.10 Computergrafik

Aufgabenstellung

Besitzer von Computern sehen z. T. nicht nur die Nutzanwendung des Gerätes, sondern auch ein Mittel, die Freizeit kreativ zu gestalten, z. B. indem sie Computergrafiken fertigen. Es soll hier beispielhaft ein Weg gezeigt werden, wie man z. B. mit Hilfe eines Programmes über den Bildschirm bzw. über den Drucker eine Ente zeichnen lassen kann.

Problemformulierung

Zur Erstellung einer Computergrafik muß sich der Programmierer zunächst ein Motiv wählen, das er gern darstellen möchte. Hier sei beispielhaft von einer Ente ausgegangen. Diese Ente wird z. B. auf kariertem Papier entworfen. Die Karos, die von den Linien berührt werden, werden mit Drucksymbolen gefüllt, die besonders zur Darstellung geeignet erscheinen. In dem Beispiel „Ente" wurde z. B. für die Konturen das Symbol „*" gewählt, für das Auge hingegen ein „O" (siehe Bild 13.1). Die Zeilen und Spalten des karierten Papiers werden durchnumeriert, um die Druckstellen der Symbole im Programm festlegen zu können.

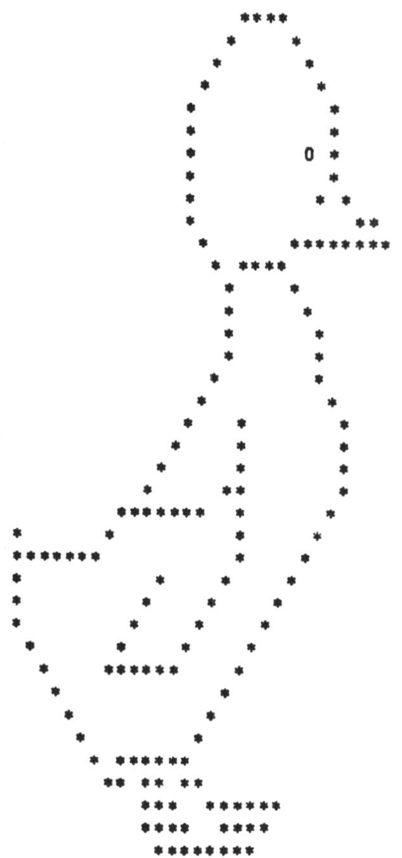

Bild 13.1

Programm und Ergebnisausdruck

```
PROGRAM GRAFIK(INPUT,OUTPUT);
VAR I:INTEGER;
BEGIN WRITELN;
      WRITELN;
         FOR I:=1 TO 22 DO WRITE(' ');WRITELN('****');
         FOR I:=1 TO 21 DO WRITE(' ');WRITELN('*    *');
         FOR I:=1 TO 20 DO WRITE(' ');WRITELN('*       *');
         FOR I:=1 TO 19 DO WRITE(' ');WRITELN('*         *');
         FOR I:=1 TO 18 DO WRITE(' ');WRITELN('*           *');
         FOR I:=1 TO 18 DO WRITE(' ');WRITELN('*           *');
         FOR I:=1 TO 18 DO WRITE(' ');WRITELN('*       0  *');
         FOR I:=1 TO 18 DO WRITE(' ');WRITELN('*          *');
          FOR I:=1 TO 18 DO WRITE(' ');WRITELN('*       * *');
         FOR I:=1 TO 18 DO WRITE(' ');WRITELN('*           **');
          FOR I:=1 TO 19 DO WRITE(' ');WRITELN('*       *********');
         FOR I:=1 TO 20 DO WRITE(' ');WRITELN('* ****');
         FOR I:=1 TO 21 DO WRITE(' ');WRITELN('*     *');
         FOR I:=1 TO 21 DO WRITE(' ');WRITELN('*      *');
         FOR I:=1 TO 21 DO WRITE(' ');WRITELN('*      *');
         FOR I:=1 TO 21 DO WRITE(' ');WRITELN('*      *');
         FOR I:=1 TO 20 DO WRITE(' ');WRITELN('*      *');
         FOR I:=1 TO 19 DO WRITE(' ');WRITELN('*        *');
         FOR I:=1 TO 18 DO WRITE(' ');WRITELN('*    *      *');
         FOR I:=1 TO 17 DO WRITE(' ');WRITELN('*      *      *');
         FOR I:=1 TO 16 DO WRITE(' ');WRITELN('*       *       *');
         FOR I:=1 TO 15 DO WRITE(' ');WRITELN('*        *','* *           *');
         FOR I:=1 TO 13 DO WRITE(' ');WRITELN('*******','*   *        *');
         FOR I:=1 TO 5 DO WRITE(' ');WRITELN('*       *','*        *','*','
         FOR I:=1 TO 5 DO WRITE(' ');WRITELN('*******','*         *      *');
         FOR I:=1 TO 5 DO WRITE(' ');WRITELN('*        *','*     *      *');
            FOR I:=1 TO 5 DO WRITE(' ');WRITELN('*        *','*   *      *
         FOR I:=1 TO 5 DO WRITE(' ');WRITELN('*        *','*    *     *');
         FOR I:=1 TO 6 DO WRITE(' ');WRITELN('*        *','*    *    *');
         FOR I:=1 TO 7 DO WRITE(' ');WRITELN('*      ******    *');
         FOR I:=1 TO 8 DO WRITE(' ');WRITELN('*           *');
         FOR I:=1 TO 9 DO WRITE(' ');WRITELN('*         *');
       FOR I:=1 TO 10 DO WRITE(' ');WRITELN('*         *');
        FOR I:=1 TO 11 DO WRITE(' ');WRITELN('* ******');
        FOR I:=1 TO 12 DO WRITE(' ');WRITELN('** ** **');
        FOR I:=1 TO 15 DO WRITE(' ');WRITELN('***    ******');
        FOR I:=1 TO 15 DO WRITE (' ');WRITELN('****   ****');
       FOR I:=1 TO 16 DO WRITE(' ');WRITELN('*********');
        FOR I:=1 TO 17 DO WRITE(' ');WRITELN('*********');
        FOR I:=1 TO 18 DO WRITE(' ');WRITELN('******');
END.
```

Erläuterungen zum Programm

Das Programm besteht nur aus WRITELN-Anweisungen, die die gewählten Druck-Symbole an der in der Zeichnung vorher festgelegten Stelle drucken sollen. Der Aufbau der WRITELN-Anweisungen soll beispielhaft an der Druckzeile erläutert werden, die das „Auge" der Ente enthält (Prog.-Zeile Nr. 11). Aus Bild 13.1, Zeile 10, ist zu entnehmen, daß in Spalte 18 das Zeichen „*", in Spalte 27 das Zeichen „O" und in Spalte 29 das Zeichen „*" gedruckt werden soll. Mit Hilfe einer FOR-Schleifenanweisung werden 18 Leerzeichen gedruckt, dann mit Hilfe einer weiteren Druckanweisung ein Stern, 8 Leerzeichen, das Zeichen „O" für das Auge, wieder ein Leerzeichen und schließlich das Zeichen „*" (siehe Bild 13.1).
Entsprechend wurden auch die anderen Druck-Anweisungen aufgebaut.

Erläuterungen zum Ergebnisausdruck

Die vom Computer gedruckte Ente sieht etwas „schlanker" aus als die auf kariertem Papier gezeichnete Ente. Dies liegt daran, daß der Abstand zweier Zeichen und zweier Zeilen bei dem Druckwerk nicht gleich groß ist. Möchte man diese „Verzerrung" der Zeichnung vermeiden, muß man anstelle von kariertem Papier das Druckraster des Druckers zugrundelegen.

14 Lösungen der Übungsaufgaben

Aufgabe 4.1

Die maximale Zahl wird ermittelt, indem jede Zahl $A(I)$ mit der größten vorangegangenen Zahl verglichen wird. Diese Vergleichszahl wird im ersten Durchlauf Null gesetzt (kleinste mögliche Zahl, da nur positive Zahlenwerte vorkommen). Einzelheiten zeigen die folgenden Darstellungen.

Programmablaufplan:

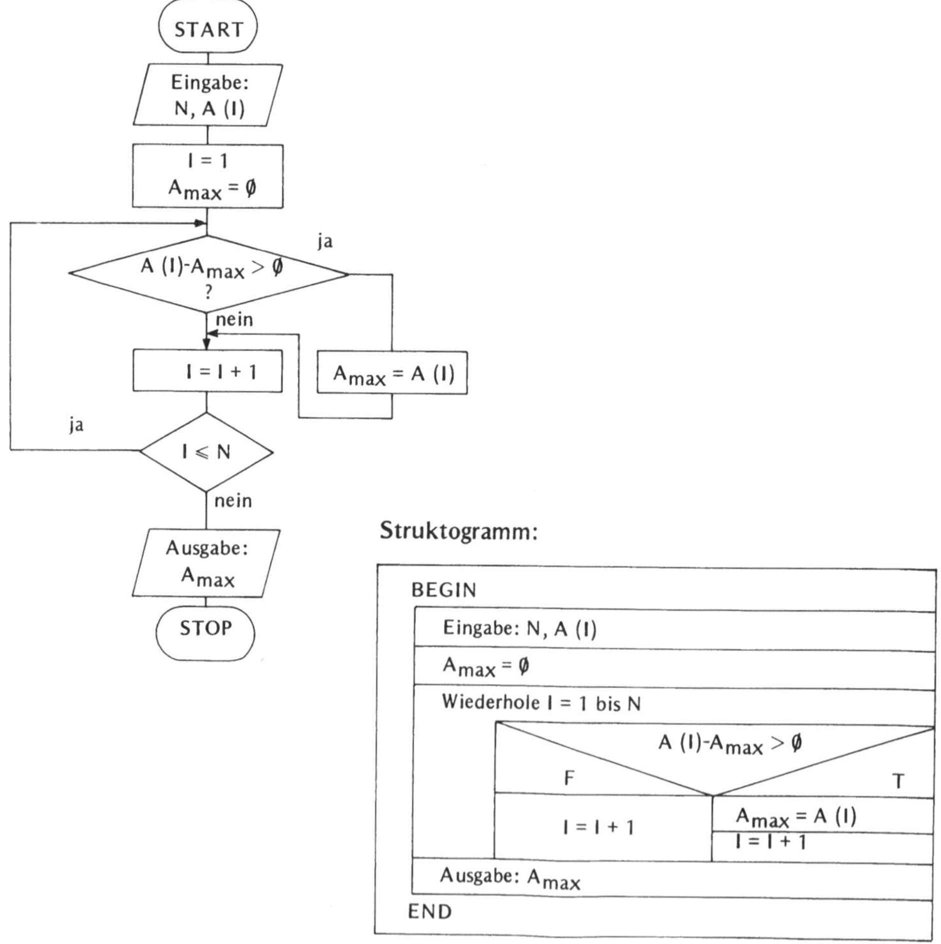

Aufgabe 6.1

Nr.	PASCAL-Konstante	Ja	Nein	Begründung
1	13.3 E 99	⊗	○	
2	− 1.33 E 99	⊗	○	
3	Ø.ØØ 133 E − 99	⊗	○	
4	+ 195	⊗	○	
5	1Ø.7 E 6.3	○	⊗	Der Exponent ist eine Dezimalzahl.
6	1,234	○	⊗	Als Dezimalzeichen ist nur der Dezimalpunkt erlaubt.
7	− Ø.1234 E − 17	⊗	○	
8	$\frac{6}{7}$	○	⊗	Für PASCAL-Konstanten ist die Bruchschreibweise nicht erlaubt.

Aufgabe 6.2

Nr.	Variablenname	Ja	Nein	Begründung
1	C 1	⊗	○	
2	K 2 R	⊗	○	
3	Q	⊗	○	
4	K/	○	⊗	2. Zeichen Sonderzeichen
5	4 R	○	⊗	1. Zeichen kein Buchstabe
6	A	⊗	○	
7	M 12	⊗	○	
8	A ⊔ A	○	⊗	2. Zeichen Leerzeichen
9	π	○	⊗	Kein Sonderzeichen
10	88	○	⊗	1. Zeichen kein Buchstabe

Aufgabe 6.3

Nr.	Funktion in mathem. Schreibweise	PASCAL
1	$\sqrt{118{,}5}$	SQRT (118.5)
2	ln 10	LN (1Ø)
3	sin 3,289 (rad)	SIN (3.289)
4	cos 45°	COS (45 ∗ Ø.Ø17453)
5	$\lvert A - 15 \rvert$	ABS (A − 15)
6	$\sqrt{\sin x}$	SQRT (SIN (X))
7	$[\lvert x + 1 \rvert + Ø{,}5]$	TRUNC (ABS (X + 1) + Ø.5)
8	$a^2 + e^{RT}$	SQR (A) + EXP (R ∗ T)

Aufgabe 6.4

Nr.	Mathem. Schreibw.	PASCAL	Erläuterung
1	a_4	A [4]	Das 4. Element des eindimensionalen Feldes A bestimmt den Wert der indiz. Variablen a_4.
2	$x_{2,3}$	X [2,3]	Das Element in der 2. Zeile und der 3. Spalte des zweidimensionalen Feldes X bestimmt den Wert der indiz. Variablen $x_{2,3}$.
3	y_{k1}	Y [K1]	Der Wert der Variablen K1 bestimmt das Element des eindimensionalen Feldes Y und damit den Wert der indiz. Variablen y_{k1}. K1 sei ganzzahlig vereinbart.
4	$r_{i+3,5}$	R [I + 3,5]	Es handelt sich hier um ein Element eines zweidimensionalen Feldes. Die Zeile (Reihe) wird durch den arithmetischen Ausdruck I + 3 festgelegt. Die Spalte des zweidimensionalen Feldes wird durch die Konstante 5 bestimmt. I sei ganzzahlig vereinbart.
5	x_{y_2}	X [Y [2]]	Hier wird als Index eine indiz. Variable verwendet. Der Wert des 2. Elementes der indiz. Variablen Y bildet den Index der Variablen X, d. h. er legt deren Element und damit deren Wert fest. Dies wird an folgendem Beispiel deutlich:
6	$C_{4 \cdot M}, G_{M,N}$	C [4 * M, G [M,N]]	Die Erläuterung ergibt sich sinnentsprechend aus Aufgabe 4 und 5.

Für Nr. 5:

Element des Feldes Y	1	2	3	4	...
Wert d. Elemente	11	4	30	18	

Element des Feldes X	1	2	3	4	...
Wert der Elemente	98	5	67	81	

Der indizierten Variablen Y (2) wird der Wert 4 zugeordnet. Dieser Wert ist Index des Feldes X. Der indiz. Variablen X (4) ist der Wert 81 zugeordnet.

Aufgabe 7.1

Nr.	PASCAL-Programmkopf	Ja	Nein	Begründung
1	PROGRAM KREIS (INPUT, OUTPUT);	⊗	○	
2	PROGRAM RECHTECK (OUTPUT);	⊗	○	Es gibt Programme, die keine Eingabedaten erfordern.
3	PROGRAM DREIECK (INPUT);	○	⊗	Zweck der Programme ist es, Daten auszugeben (OUTPUT fehlt).
4	PROGRAM HAUS ⎵BAU(INPUT,OUTPUT);	○	⊗	Kein Leerzeichen im Programmnamen
5	PROGRAM FLAECHE (INPUT/OUTPUT);	○	⊗	Trennzeichen zwischen INPUT und OUTPUT ist das Komma.

Aufgabe 7.2

1. CONST R = 8314; VO = 22.4;
2. CONST E = 1.6E − 19; EO = 8.854E − 12;
3. CONST SM = 1852; KN = Ø.5144;

Aufgabe 7.3

1. VAR KREIS, FLAECHE:REAL;
          RADIUS:INTEGER;
2. VAR PRIMZAHL:INTEGER;
3. VAR E, EO:REAL;

Aufgabe 7.4

1.	VAR F:ARRAY [1..15] OF REAL;
2.	VAR Q:ARRAY [1..15,1..15] OF REAL; V:ARRAY [1..1Ø] OF INTEGER;

Aufgabe 8.1

Nr.	Arithmetischer Ausdruck
1	$2 * A * \text{SQR}(3)$ (Reihenfolge: 2, 1, 3)
2	$A + B/C + D * \text{SQR}(C)$ (Reihenfolge: 2, 1, 4, 3, 5)
3	$(A * A + B * B) * 2$ (Reihenfolge: 1, 2, 3, 4)
4	$\text{SQRT}(\text{ABS}(X + 1) + A)$ (Reihenfolge: 1, 2, 3, 4)
5	$KØ * (1 + P/1ØØ) * \text{SQR}(N)$ (Reihenfolge: 2, 1, 3, 4, 5)

Aufgabe 8.2

Nr.	PASCAL-Schreibweise	Bemerkungen
1	U := 2 * P * R oder U := 2 * 3.14 * R	Großbuchstaben verwenden. Multiplikationszeichen schreiben. Sonderzeichen π durch Variable P oder Wert 3.14 ersetzen. Dezimalpunkt nicht vergessen.
2	F := P * R * R oder F := P * SQR (R) oder F := 3.14 * SQR (R)	
3	C := A + 2 * EXP (– 3 * LN (B))[1])	
4	H := A + B/C + F * EXP (E * LN (D)) – G[1])	
5	X := A * (B – C * D)	
6	Y := A/(5 + 2 * B)	Der Nenner muß in Klammern gesetzt werden, da sich sonst der Ausdruck von Nr. 7 ergibt.
7	Y := A/5 + 2 * B	
8	E := A * B/C/D oder E := A * B/(C * D)	
9	E := (7/8) * (X – Y) oder E := 7 * (X – Y)/8	
10	C := SQRT (A * A + B * B) oder C := SQRT (SQR(A) + SQR (B))	Standardfunktion für Quadratwurzel verwenden.
11	B := COS (A * 3.14/180)	Sonderzeichen α durch Variable A ersetzen. Gradmaß ins Bogenmaß umwandeln.
12	B := EXP (3 * LN (SIN (X)/COS (X)))[1])	Unbekannte Funktion aus Standardfunktion ableiten.
13	Y := ABS (A) + ABS (B – C)	Standardfunktionen für Absolutwerte verwenden.

[1]) PASCAL kennt kein Operationszeichen und keine Standardfunktion zur Potenzierung. Mit den zur Verfügung stehenden Standardfunktionen kann man sich jedoch wie folgt behelfen:

Es gilt: $a = b^c = e^{c \cdot \ln b}$

In PASCAL läßt sich die Potenzierung somit wie folgt realisieren:

   A = EXP (C * LN (B))

Aufgabe 8.3

Übertragen Sie die Formeln aus der PASCAL-Schreibweise in die in der Mathematik
übliche Formelschreibweise (Variable P steht für π, G für γ).

Nr.	PASCAL-Schreibweise	Mathem. Schreibweise
1	X := 4/3 * 3.14 * EXP (3 * LN (R))	$x = \dfrac{4}{3}\,\pi\,r^3$ [1]
2	Y := 1/(M * SQR (– 2) – N * SQR (– 2))	$y = \dfrac{1}{(-2)^2\,m - (-2)^2\,n}$
3	Z := EXP (1/3 * LN (1 – 2 * I))	$z = \sqrt[3]{1 - 2i}$ [1]
4	U := EXP (– Y * Y/(2 * P * S))	$u = e^{-\frac{y^2}{2\pi s}}$
5	V := EXP (N * LN (Y))	$v = e^{n\,\ln y}$
6	Y := LN (ABS ((X + 1)/X))	$y = \ln \left| \dfrac{x+1}{x} \right|$
7	W := EXP (2/5 * LN (A + B))	$w = \sqrt[5]{(a + b)^2}$ [1]
8	N := A * (1 – EXP (– T/2))	$n = a\left(1 - e^{-\frac{t}{2}}\right)$
9	G := EXP ((SQR (N) – 1) * LN (A))	$g = a^{n^2 - 1}$ [1]
10	C := SQRT (SQR (A) + SQR (B) – 2 * A * B * COS (G))	$c = \sqrt{a^2 + b^2 - 2\,a\,b\,\cos\gamma}$

Aufgabe 9.1

```
Eingabe mit Hilfe von arithmetischen Zuordnungsanweisungen:
PROGRAM GLEICHUNG (INPUT, OUTPUT);
VAR  A, B, C, X, Y: REAL;
BEGIN   A := 5.Ø;
        B := – 3.5.;
        C := Ø.6;
        X := 3.Ø;
        Y := A * SQR (X) + B * X + C;
        WRITELN (Y)
END.
```

```
Eingabe mit Hilfe der READ-Anweisung:
PROGRAM GLEICHUNG (INPUT, OUTPUT);
VAR  A, B, C, X, Y: REAL;
BEGIN   READ (A, B, C, X);
        Y := A * SQR (X) + B * X + C;
        WRITELN (Y)
END.
```

[1] PASCAL kennt kein Operationszeichen und keine Standardfunktion zur Potenzierung. Mit den zur Verfügung stehenden Standardfunktionen kann man sich jedoch wie folgt behelfen:

Es gilt: $a = b^c = e^{c \cdot \ln b}$

In PASCAL läßt sich die Potenzierung somit wie folgt realisieren:

A = EXP (C * LN (B))

Aufgabe 9.2

Nr.	PASCAL-Eingabeanweisung	Ja	Nein	Erläuterungen
1	READ A_1, A_2, A_3	0	⊗	Klammern fehlen
2	READ (C, P3, A5)	⊗	0	
3	READ (A [B], C [I + 2])	⊗	0	Indizierte Variablen sind in der Variablenliste erlaubt.
4	REAL (X, Y)	0	⊗	Fehler im Schlüsselwort.
5	READ [R, S, T, U]	0	⊗	Runde Klammern ( ) sind vorgeschrieben.

Aufgabe 9.3

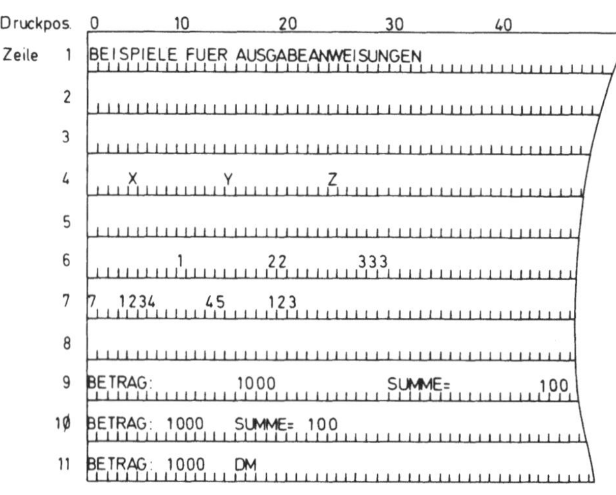

Aufgabe 9.4

Die Ausgabeanweisung lautet:

WRITELN ("PASCAL IST EINE PROBLEMORIENTIERTE PROGRAMMIERSPRACHE")

Aufgabe 10.1

Nr.	Erläuterung
1	Wenn A < B ist, wird der Wert der Variablen A ausgedruckt. Anschließend wird mit der nächsten Anweisung das Programm fortgesetzt.
2	Wenn A < B ist, wird der Wert der Variablen A ausgedruckt. Falls A $\geqslant$ B ist, wird der Wert der Variablen B ausgedruckt.
3	Nimmt die Variable I den Wert 1 an, wird ausgedruckt: Rechtschreibfehler. Nimmt die Variable I den Wert 2 an, wird ausgedruckt: Kommafehler. Nimmt die Variable I den Wert 3 an, wird ausgedruckt: Kein Fehler.
4	Mit Hilfe dieser FOR-Schleifenanweisung wird folgendes Produkt gebildet: $1 \cdot 2 \cdot 3 \cdots 2\emptyset$. Der Anfangswert von PROD muß vorher festgelegt werden zu PROD := 1.
5	Mit Hilfe dieser REPEAT-Schleifenanweisung wird die gleiche Aufgabe gelöst wie in der Aufgabe Nr. 4. Hier müssen allerdings die Anfangswerte von I und P vorher festgelegt werden.

Aufgabe 10.2

Sind folgende Steueranweisungen zulässig?

Nr.	Steueranweisung	Ja	Nein
1	IF ANNA $\leqslant$ HANS THEN A := B + C	0	$\otimes$
2	IF A + B := C + D THEN WRITE ('GLEICH')	0	$\otimes$
3	FOR I = 1 TO 2$\emptyset$ DO SUM := SUM + I	0	$\otimes$
4	WHEIL A < B DO SUM := SUM + I	0	$\otimes$
5	REPEAT SUM := SUM + I I := I + 1 UNTIL EOF	0	$\otimes$

Aufgabe 10.3

Nr.	Aufgabe	Programmabschnitt
1	Wenn die Differenz von X und Y kleiner als Null ist, soll Z von der Differenz subtrahiert werden. Dies soll die neue Differenz sein. Falls X und Y größer oder gleich Null ist, soll Z zur Differenz addiert werden. Das Ergebnis soll in diesem Fall die neue Differenz sein.	D := X − Y; IF D < $\emptyset$ THEN D := D − Z ELSE D := D + Z
2	Wenn das Produkt von A und B ungleich Null ist, soll das Produkt durch C geteilt werden. Anderenfalls soll zu dem Produkt D addiert werden.	P := A * B; IF P < > $\emptyset$ THEN P := P/C ELSE P := P + D

Aufgabe 10.4

Struktogramm

```
┌─────────────────────────────────────────────────┐
│ BEGIN                                             │
│   ┌─────────────────────────────────────────────┐│
│   │ Wiederhole I = 1, 2, ..., 1ØØ               ││
│   │   ┌─────────────────────────────────────────┐│
│   │   │ Berechne I²                             ││
│   │   ├─────────────────────────────────────────┤│
│   │   │ Drucke: I, I²                           ││
│   │   └─────────────────────────────────────────┘│
│ END                                               │
└─────────────────────────────────────────────────┘
```

```
PROGRAM QUADRATZAHLEN (OUTPUT);

VAR I, S: INTEGER;

BEGIN

    FOR I := 1 TO 100 DO
        BEGIN S := SQR (I);
              WRITELN (I, S)
        END
END.
```

Sachwortverzeichnis